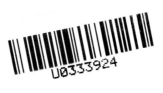

技术史入门

（日）中山秀太郎 著
姜振寰 译

山东教育出版社

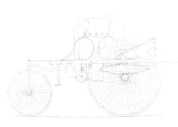

图书在版编目(CIP)数据

技术史入门/(日)中山秀太郎著;姜振寰译.—济南:山东教育出版社,2015

ISBN 978-7-5328-8823-8

Ⅰ.①技… Ⅱ.①中… ②姜… Ⅲ.①技术史—世界 Ⅳ.①N091

中国版本图书馆CIP数据核字(2015)第060559号

技术史入门

(日)中山秀太郎 著

姜振寰 译

主　管: 山东出版传媒股份有限公司

出版者: 山东教育出版社

(济南市纬一路321号　邮编:250001)

电　话: (0531)82092664　**传真:** (0531)82092625

网　址: www.sjs.com.cn

发行者: 山东教育出版社

印　刷: 山东新华印务有限责任公司

版　次: 2015年9月第1版第1次印刷

规　格: 710mm×1000mm　16开本

印　张: 17.75印张

字　数: 228千字

书　号: ISBN 978-7-5328-8823-8

定　价: 48.00元

前　言

技术对人类的生存是至关重要的。确保食物的供应、住宅的建设、服装的生产是人类维持生存必不可少的条件。无论是耕种田地、建筑房舍还是纺纱织布，都离不开工具和机器。在几千年的漫长岁月里，人类为了研制这些工具和机器耗费了大量的心血。在古代，人类最初使用的是极其简单的工具，为了生活水平的提高，人们不断地对工具和机器进行改革，并不时地发明新机器。本书对过去的几千年中这些技术是如何发展的，做一概述。

科学技术的进步是极其迅速的。在像日本这样先进的工业国里，发达的技术给人们创造了极其方便的生活条件。汽车、电车、飞机以及家用炊具、电冰箱、洗衣机、空调机等，真是不胜枚举。但是，这种种机器的发明创造决非一朝一夕所能完成的，而是许多科学技术人员在漫长的岁月里共同努力的结果。了解发现和发明的来龙去脉，会有助于我们更好地理解和珍爱今天所使用的先进机械和设备。

机械技术对人类是不可缺少的，各种机器的发明总会给我们的生活带来进一步的改善。各项发明的动机也许会因发明者而有所不同，有人凭兴趣去搞发明，也有人为了金钱而搞发明，但是其结果都能起到提高人类生活水平的作用。

人类一向擅长制作器物。在古代，所有的人都是“技术人员”，他们在制作实用的工具和机械的过程中，逐渐形成了各自的专业分工，从而逐渐使机械得到了发展。哪些人在什么时代用什么方法发明了什么新技术，都是令人感兴趣的问题。因此，本书对做出过重大发现和发明的人物生平，做了较为详细的叙述。其宗旨在于说明，任何技术归根结底都是以人为主体的。这也是本书写作的基本出发点。

进入20世纪以来，科学技术有了更为惊人的发展，人类征服自然的“幻梦”一个个变成了现实。由于其成果极为显著，从而增强了人类对科学技术的信赖，以至于有人认为机械文明掌控着人类的幸福。在20世纪后半叶的今天，科学技术一方面丰富着我们的生活，另一方面也导致了损害人体健康的公害问题。因此人们开始注意到，无制约地发展科学技术的同时，存在着潜在的意想不到的危害性。然而，为了众多人口的生活，人们不得不去大量地生产物品，这就使得资源被大量地消耗掉，而这些资源并不是无限存在的。特别是作为人类各种活动原动力的能源——石油资源的有限性，将成为今后左右技术发展的关键所在。

伴随技术的发展所产生的公害问题和作为能源的石油问题，将是人类今后必须解决的重大问题。认为今后科学技术的持续发展会使人类的生活愈来愈富足的乐观论观点，是值得怀疑的。倘若一步失误，科学技术的发展也许会导致人类的灭亡，因此科学技术万能的思想是危险的。基于这种意义，本书首先评述了科学技术本身违反人类意愿的一面。这是因为不如此慎重地考虑科学技术的进步发展的话，有可能使我们今后的生活陷入困境。

那种认为只要技术得到发展，人们的生活水平就会提高、文明社会就会出现的想法，是极其片面的。倒是应该记住，技术的发展不一定都会对人类有益。

本书是关于技术史的入门书，在内容上并不涉及深奥的专业性知识，凡是对技术史有兴趣的人都可以阅读。本书不仅可以供大学理工科的学生使用，也可以作为文科学生的教科书。此外，如果本书对于社会上关心技术文明的过去和未来的人们能提供一些参考的话，本人将深以为幸。

在本书执笔过程中，参考了国内外的许多著作，书后列举了主要的参考书目。在这里，谨对这些著作的作者致以深切的谢意，并对帮助整理本书原稿的日本工学院专业学校机械工程科的堤一郎教师以及欧姆社出版部的诸位先生表示衷心谢意！

昭和59年3月

中山秀太郎

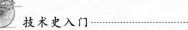

目　录

图1 B.C.1500时期女王的贸易船

图2 17世纪初广泛使用的大型帆船

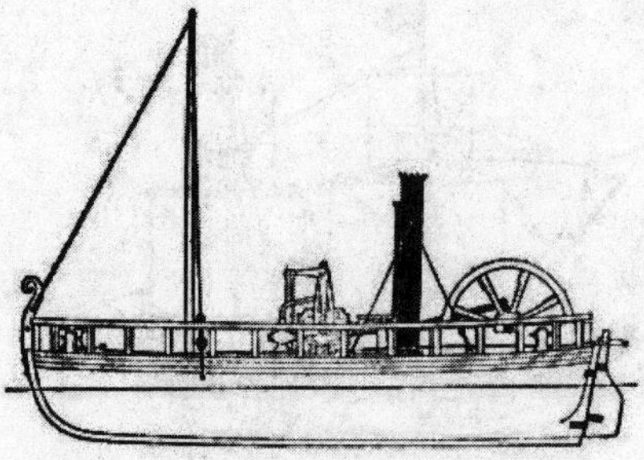

图3　最早试运行成功的“夏洛特丹达斯”号蒸汽船。
在苏格兰福斯克莱特运河牵引70吨驳船时速达3英里

图4 19世纪的外桨轮船“阿德利亚切克”号。1856年建造，排水3 760吨，是当时最大的航行于大西洋的外桨轮船

Ⅰ. 绪论
——技术的问题点

进入20世纪后半叶，由于科学技术的进步，我们的生活空前富裕，人类迎来了历史上前所未有的繁荣时代。可是，为了保障这种优裕的生活，就必须大量地生产我们生活中所需要的一切，为此地球上的资源被大量地消耗。同时，按照人类所设想的图景，自然界在被不断改造着，结果除了消耗资源外，自然界遭受污染的程度也在逐渐加大。今天，许多人开始产生了一种恐惧：如果任由技术按照这种形式持续发展、自然界被不断开发下去的话，最终将导致人类在地球上无法生存。为了寻求既能够提高人们的生活水平，又能使人类所处的地球环境保持良好状态的有效措施，1972年6月5日，在瑞典斯德哥尔摩举办了第一届联合国人类环境会议，世界各主要国家的代表群集一堂，协商对策。

我们人类以提高生活水平为目标，热衷于对科学技术的研究，在过去的100多年里，发明并制造了许多性能优良的机械。今天，人类既能在月球上行走又能潜入深海海底。

大城市里高速公路纵横交错、立体交叉，周围遍布着高楼大厦，成千上万台汽车日夜穿行其间。这种景象似乎是现代文明的象征。

图 1-1　高速公路

目前，我们食物的种类也极其繁多，肉、鱼、蔬菜等需要得到的食品，都能随时按人们的喜好摆满餐桌。人们都有自己的汽车，乘坐汽车已经习以为常，自驾车去兜风、旅游也已经是很容易做到的事情。没有电视机的家庭已经很难找到，电冰箱普及了，安装空调机的家庭也愈来愈多。这一切都是科学技术进步的结果。人们能够开辟、铺设优美平整的公路，这也是科学技术进步的恩赐。

整个社会已经变得非常便利，我们的生活也愈来愈富裕，但是，随之也产生了影响极为深远的问题，这就是公害问题。伴随技术进步所引起的公害，是我们今天必须重视的大问题。

由于科学技术的进步，加之大量生活必需品的制造，地球逐渐遭受到污染。对此，不妨回顾一下内燃机的发展历程。

I–1　内燃机的进步与污染

使用火是人类的特有技能，由此而构筑了人类今天的繁荣。实际上，当原始人最初使用火时，就揭开了大气污染的第一页。从那时起就出现了人为的冒烟现象，而且出现了构成今天污染问题的氧化氮。不过在人类学会用火之后的几十万年间，人口数量并不多，而且用火的范围也是有限的。

火的有害一面为人们所瞩目是19世纪机械文明出现以后的事。在人类开始利用煤炭作为能源的最初100年间，用火还不算什么大的问题。可是进入20世纪后，随着机械文明的急速发展，火的危害问题开始显著地暴露出来。这是与石油工业的兴起和内燃机的发展同步形成的。

内燃机在其问世之初，也是很好的设备。最初制造的内燃机数量并不多，不至于产生不良的影响，而且当时内燃机排出的气体本身也比今天要干净得多。

人们通常会认为：早期的内燃机是很低级的，所以它排出的气体

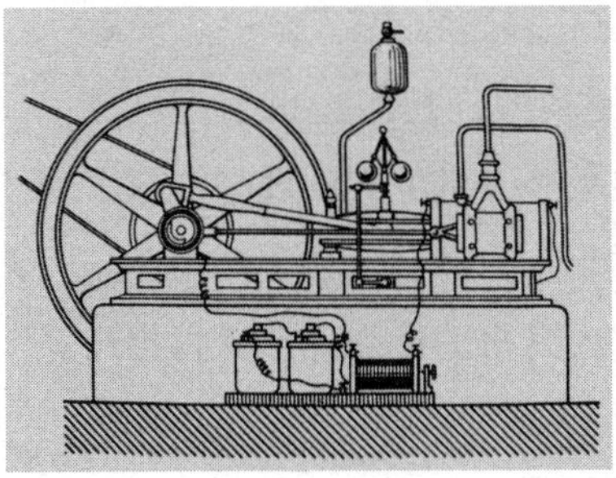

图1-2　勒努瓦引擎（1860年）

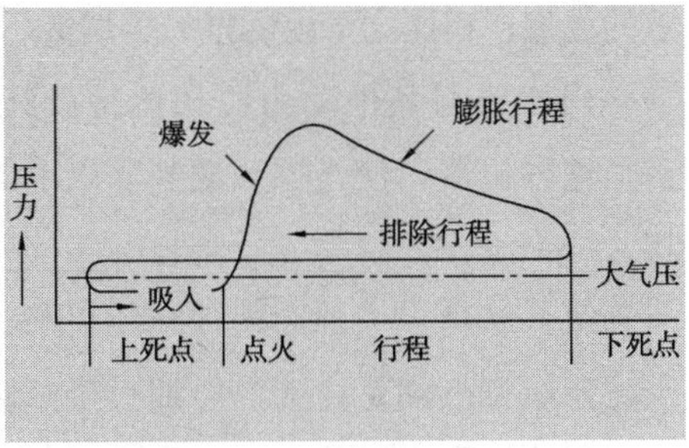

图1-3　勒努瓦引擎工作行程

也一定很肮脏，经过不断地改进，人们摸索出一条净化排气的道路并发展到今天，因此现在内燃机的废气污染已经达到了最低限度。实际上这是对技术革新盲信的表现，正确的看法应当是这样：早期的内燃机排出的废气是最洁净的，后来逐渐退步，到了今天才排出了这种肮脏污秽的废气来。

勒努瓦（Jean Lenoir，1822—1900）和奥托（Nicolaus August Otto，1832—1891）制造内燃机时，所使用的燃料是煤气。勒努瓦机的压缩比为0，奥托机的压缩比充其量也只有3，因此燃烧温度很低。由此可以想象，其所生成的氧化氮并不多。

而且，当时在燃料和润滑油中并没有使用添加剂。由于是单缸，也就没有考虑为了弥补燃烧分布不匀而提高混合气浓度的问题。因此排出气体中的一氧化碳含量大概也不会很多，可能也没有肉眼能看到的黑烟和鼻子能嗅到的臭气。从排气这一点来看，可以说这是一种理想的内燃机。这种情况进入20世纪后逐渐发生了变化。

由于早期制造的内燃机效率很低，因此很多专家进行了技术改革，结果使内燃机的性能逐渐得到改善，出现了热球式发动机和狄塞尔发动机。与此同时，排出的气体却逐渐变坏。尽管新的内燃机排出的气体中有烟雾和臭气，但是由于它具有体积小、重量轻等特点，用户买到后逐渐在多方面加以应用。由于当时使用的蒸汽机排出的是浓

重的黑烟，相比之下内燃机的排烟量还算是轻微的。

内燃机与其他动力源相比是极其便利的，其用途也十分广泛。正是这种机器，使人类长期梦寐以求的乘坐飞机上天的理想变成了现实。

第一次世界大战后即1915年以来，内燃机的性能迅速获得提高。当时，航空汽油是由天然原油直接蒸馏出来的，还没有使用添加剂，因此压缩比只有5左右。1920年以后，为解决“爆震”现象，英国的里卡德（H. Ricard）做了最初的尝试。他在天然物中寻求耐爆性高的物质并加以研究，发现甲苯和苯的耐爆性极好。以此为开端，美国开始研究添加剂，在1930年左右从数千种化合物中选出了四乙铅，并把它添加到汽油中，制成辛烷值很高的汽油。

这种四乙铅是剧毒物，但是航空工程师迫于军事竞争的压力很快就决定采用。1935年以后，以四乙铅作为添加剂的汽油开始在飞机中使用，不过当时谁也没有想到要把这种添加了四乙铅的毒性极强的汽油用在汽车上。

可是第二次世界大战以后，从1953年起，汽车也开始使用添加了剧毒的四乙铅的汽油。使用加铅汽油之后，发动机的性能迅速得到提高，压缩比超过了10。这就使内燃机得到了进一步的普及和发展，汽车也能以每小时100千米甚至200千米的速度飞驰在公路上了。

这样一来，由于内燃机性能的提高，其使用范围也扩大了。以汽车的应用为开始，内燃机被大量制造和使用。由于内燃机的普遍应用，排出气体中的有害成分就成为值得注意的问题了。一氧化碳、氧化氮、碳化氢等对人体的影响逐渐成为人们议论的话题。由于四乙铅的添加而造成的废气中的铅毒问题被人们大书特书起来。

在过去的100年左右的时间里，工程师们只热衷于提高内燃机性能，对排气中的有害成分并未给予充分的注意。即使注意了，或是制造出性能更好的内燃机，其排出气体中的有害成分也总是对人体有影

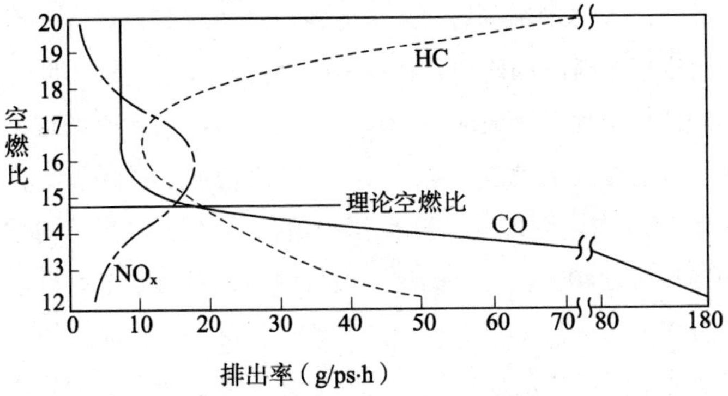

图1-4　NO_X、CO、HC的排出量

响的。由此看来，人们并不清楚为了什么目的而去发展技术。人们更为关注的是一项技术发展中的效率提高和性能改善，但事实上，这样做并不见得真正会对人类有益。上述的内燃机问题，就是个很好的例子。

这类问题并不仅限于内燃机，其他技术也存在着类似的问题。因此，对人类而言，认真考虑什么样的技术是真正合适的，然后再对这种技术进行开发是一个很重要的问题。

I–2　什么是安全

我们都希望保持健康的体魄，在各自不同的岗位上为社会、为人类进而为自己去工作，直至享尽天年。同时也希望生活水平能不断提高，有更为舒适的环境，度过自己愉快的一生。为此人类制造工具、利用工具并进而将其进行复杂的组合制成机器，大量生产出食品、衣物等人类生活所必需的一切，从而构筑了今天的人类文明。

在古代，危害人类生命的是洪水、干旱等天灾地祸以及瘟疫的流行等。科学技术的发展使人类摆脱了这些灾害，逐渐增加了安全生存的可能性。进入17世纪以后，人类的知识迅速增多，对过去不清楚的自然现象进行了科学的研究，认识了许多自然规律。从18世纪到19世纪，工业技术出现了巨大的进步，人们的生活水平迅速提高，过上富裕生活的人也在逐渐增多，世界人口也随之增加了。10世纪时全世界人口仅有4亿左右，到19世纪初已达到10亿，而到了20世纪初增加到20亿，1975年接近40亿。人口的这种大量增加，是由于依靠科学和技术的力量阻止了瘟疫的大范围流行，改革了农耕方式从而增加了粮食产量，以及建造了舒适的住宅使人类的生存环境更为安全。从这个意义上讲，科学和技术所起的作用实在是了不起的。

在研究安全问题的时候，必须清楚地认识人类这种动物或一般的生物，在地球上是怎样产生的，又是如何发展到今天这种样子的。生物出现后不断地进化，到今天，地球上已经生存着几百万种动植物。

年	人口
B.C.10000	300万人
B.C.5000	3000万人
公元元年	2亿5000万人
1650	5亿人
1850	10亿人
1970	35亿人
2000	75亿人

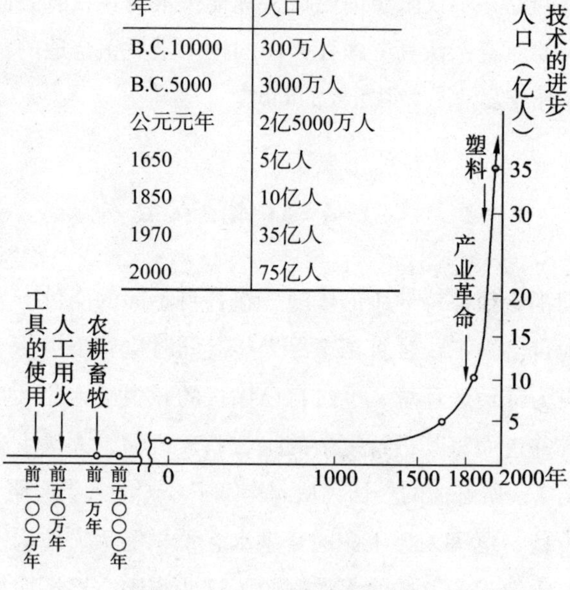

图1-5　技术进步与人口增长

虽然这些动植物种类繁多，但是都有其适应各自环境的形态，在习性及生理机能上能够顺应环境而生存。这样一来，动植物符合环境的形态和习性等就构成了它们极为巧妙的自身结构。然而，这并不是生物自身的意图，而是它们经过几亿年的漫长岁月逐渐适应环境的结果。生物都具有几十亿年的自身发展历史，任何生物都不可能与自己过去的历史割裂开来，人类作为生物中的一员也绝非例外。

虽然有所谓人类是“使用工具的动物”这句名言，但是确切地说，人类是不使用工具就无法生存下去的动物。

我们在创建一个生活水平不断提高的富足社会的过程中，发展了科学和技术，利用了自然界中的很多金属。在自然界存在的90多种元素中，我们现在已经应用了其中的百分之八十。但是，这些元素中有许多种是生物体内本不存在的。之所以在生物体内不存在，是因为这些元素是生物体本身不需要或是对生物体有害的。如镉、铅、汞、锑、铋、锗等金属都属于有害元素，这已经是众所周知的事实。非金属中的砷和溴的毒性也是极强的，它们在生物体中本来也是不存在的。

在我们的生产和生活中，使用着许多生物体内本来不存在的元素，特别是随着科学技术的进步，这些有害元素的用量愈来愈多。以汞为例，尽管自古以来人们就熟知它是有毒物质，可是现在为了保障农作物的收成也只好在农药中加以使用，结果大大增加了土地的含汞量。在日本，生产氯和苛性钠所使用的汞流进了江河和近海，造成了严重的污染。由于自然现象，地壳中的汞也会排入海洋，但其数量毕竟是有限的，而由于人类的生产活动排入江河湖海中的汞，却超出了天然排入量的3倍。

自然现象所造成的从地壳向海洋和大气中排放的矿物量大体上是固定的，生物已经适应了这种环境而能够生存繁衍下去，人类的生产活动所排出的大量矿物却是个很大的威胁。人们为了提高生活水平，大量地持续不断地生产各种物品，因此地球上难免要不断增加危害生

物的物质，这是我们必须认真考虑的对人类生命安全有着极其严重影响的基本问题。

【优裕的生活与安全】

一般认为，迅速而大量地制造出我们生活所必需的物品是一种进步，然而事实并非如此。有人曾经对日本人主食中不可缺少的大米如何增产的问题，进行了各种研究，诸如研究肥料以获得高产，研究农药以杀灭害虫等等，其研究成果已经使我们得到了实惠，当今化学肥料的使用、农药的使用使稻米大为增产。

日本人不可缺少的大米增多了，这是件好事。人们在栽培水稻的过程中，把制造的农药撒到田里去，成功地消灭了害虫和杂草，但同时却产生了农药危及人类生命的严重问题。农药进入植物体中，进而又进到食用这些植物的动物体内，同样也会进入食用这些动植物的人体内，并在人体内不断积累。农药能够杀死害虫和杂草，对同属于生物范围的人也决不会例外。这些农药对人体的污染会对人类生命安全造成什么样的后果，虽然一时还难以断定，但令人担心的是，随着污染程度的增加，很快就会出现人类以作物增产为目的而制造的农药，反而会夺去人的生命的严重情况。

除了应该重视农药对植物产生的污染外，现在大量制造人类生活必需品的工厂中排出的汞和镉等造成的重金属污染也是不容忽视的。目前，日本的土地已经受到镉的大面积污染，而且我们每天吃的食物中也混入了相当数量的镉。尽管各有关部门对汞、镉等有害物质的摄取量做出了限定，制定了安全标准，但是即便是在安全标准以下也不能保证绝对安全。况且我们还没有掌握有效的方法，去确定安全标准以下有害物质的摄取量。因此，所谓安全标准是一个含糊不清的概念，也就是说，认为在安全标准以下就一定是安全的想法并不妥当。

表1–1 排放的矿物

	天然现象中流入海洋的量（A）（千吨／年）	人类采掘量（B）（千吨／年）	A/B（倍）
铝	180	4400	24.4
汞	3	9	3.0
锌	370	5390	14.6
锡	1.5	187	124.7
铁	25000	424800	17.0
铜	375	6300	16.8
氮	8500	33700	4.0
磷	180	9125	50.7

现在，在我们周围有大量的食品中混入了各种有害物质，还有许多有害物质是以食品添加剂的形式微量地进入食品中的。人们每天都要吃上几种这类食品，虽然现在还不清楚它们将来会给人体带来什么后果，但无疑的是它总会对人体产生影响，这个问题在I–4节谈及构成人体所需的元素时再去讨论。

同样值得一提的是，进入20世纪以来，作为当代交通工具“明星”的汽车已经大批量生产。随着价格不断下降，汽车已经不再是以往的奢侈品了。汽车的普及完全是由于汽车技术的进步引起的。汽车是极为方便的交通工具，任何人都可以乘坐，这可以说是一个进步。但是这到底是不是一种真正的进步，还是值得认真加以分析的。

首先，随着汽车数量的增加，汽车所引起的交通事故也在增多，现在日本每年大约有2万人因汽车肇事而丧命。每年都要死这么多的人就是个严重问题了。汽车数量的增加给人们的生命安全带来威胁，汽车技术的进步导致那么多的人丧失生命，这算不算技术的真正进步是令人怀疑的。其次，作为汽车动力的内燃机也大为进步了，运转效率提高，体积变小，马力增大，因此汽车的速度在加快，但是与此同时也产生了由于排出大量废气造成的大气污染问题。

【技术万能论是危险的】

由于汽车发动机排出的废气产生了污染问题，人们开始对如何减少有害气体进行了研究。现在汽车所排放的有害物质比以前是少了一些，但是即或有害气体可以减少到原来的十分之一，如果汽车台数增加10倍的话，那么汽车排出的废气所造成的污染也就丝毫没有减少。现在的汽车台数还在逐年增加，只要仍以汽油作为燃料，就不可能消除汽车废气所造成的污染。

因此，不少人开展了对不产生有害气体的电动车的研制。其实电动车并不是现在才开始研究的，以前就有，只是它没有使用汽油的汽车跑得那么快。如果不考虑汽车必须高速行驶的话，现在就完全可以使用电动车。然而使用电动车就不会产生污染了吗？的确，就汽车本身考虑的话，电动车并不排放有害气体，可是供给电池的电必须由发电厂取得，假设现在使用汽油的汽车都改换成电动车，就必须增设发电厂，使之产出比现在更多的电来，而发电厂的大量建造势必会增加由发电厂所产生的污染。

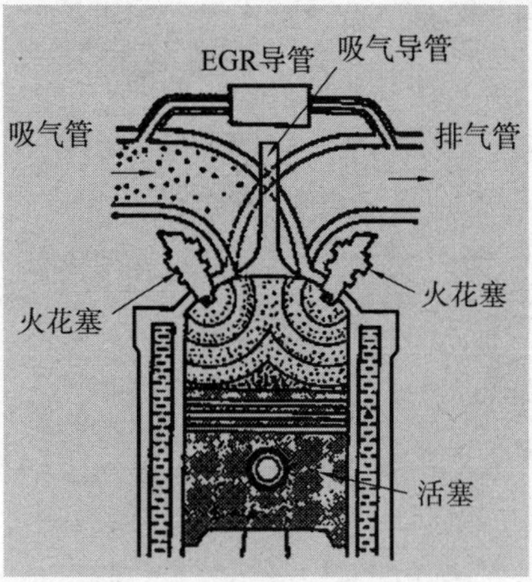

图1-6　应对排气问题的例子

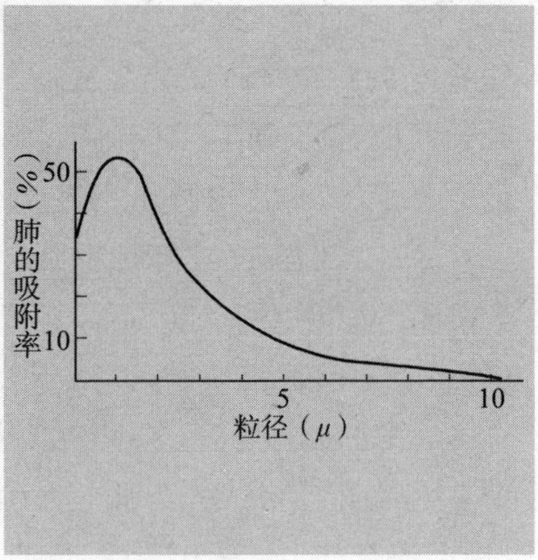

图1-7　粉尘在肺中的吸附率

只要用石油作燃料，就不能避免二氧化硫、一氧化碳、碳化氢、氮氧化合物和浮尘对大气造成的污染，这些排放物都是威胁人类生命安全的物质。浮尘的增加对人体产生的有害影响是值得注意的。浮尘是直径为0.1~10微米的小颗粒，它能在大气中浮游数年，人们在呼吸时，这些浮尘被吸入肺泡中，有半数会存留在肺里，据说这可能也是肺癌等疾病的诱因。

以丰富人们生活为目的的大量生产，会使工厂烟囱中排出大量有害的气体和粉尘，对大气造成污染。同时含有有害物质的工业废水，也被大量排放到江河湖海中，造成对海洋的污染。城市在逐渐膨胀变大，大量人群集聚在一起，城市中的汽车数量也在增加，由此而排放出大量的废气。高层建筑在增多，冬季取暖和夏季制冷也使大气污染愈来愈严重。

人们试图借助技术的力量来改善这种状态，在烟囱上安装集尘器以减少粉尘，或是用有效的化学方法去除有害气体，用化学的、机械的方法从排水中除去有害成分。也就是说，人们有一种观点，对技术发展所产生的有害物质，试图通过改善技术并用技术方式加以解决。

然而这种观点是极其危险的。以为科学技术什么都能解决，这是对科学技术的盲信。汽车已如前述，即使开发去除排气、排水中有害物质的技术，在制作或使用这种新设备的过程中，也会产生新的破坏环境的危险。人类只要从事技术工作，总会伴随着一定程度上对环境的破坏，这是无法避免的。由此可见，技术万能主义对人类安全是一种极其危险的思潮。

【安全的相对性】

凡是从事制造人类生存必需品的人们，首先要对安全给予充分的考虑。那种认为“我不是安全专家”的想法是不妥当的，每个人都必须掌握有关安全的基本知识。

安全率和安全系数、允许值和可靠性这些概念，正在被人们不负责任地滥用，以至于有人把采用较为充分的安全率当成绝对安全，或是在允许范围内就认为是绝对安全，这些想法都是极其有害的。在当代技术文明的社会中，是不存在绝对安全的。

这正如无论医学多么进步，也不能绝对不死人一样，尽管技术人员对安全予以充分考虑，也不可能制造出绝对不会坠毁的飞机，更不能制造出绝对不出故障的汽车。电梯有掉下来的时候，化工厂也会发生爆炸而引起火灾。认为技术的高度发展会把这些危险转化为安全的想法，是对技术的迷信。由此看来，今后建造的原子能电站也不能说是绝对安全的。

所谓安全，应该考虑到其中也包含着危险，技术人员的任务就在于减少安全中的危险性，但是不应当过分相信这个比例会减少为零。正由于危险的比例不会减为零，才会发生坠机事件造成乘机人员的不幸遇难。只要离开地球表面飞在空中，这类不幸事件大概就不会灭绝。

我们必须认识到，只要乘坐飞机就会存在因飞机失事而死亡的危险。有时为了尽快到达目的地，出于无奈我们不得不去冒这种风险。如果没有尽快到达的必要，就不如乘坐比较安全的沿地面行驶的其他交通工具了。乘坐什么交通工具首先要考虑安全性。

加入食品中的防腐剂也是这个道理。在不得已必须长时间保存食品时，即或多少冒些风险也必须使用防腐剂。如果不是这种情况还是以不用为好。医药品也同样，在用于抢救生命时即使药品有副作用也一定要用。

这就是说，所谓安全，乃是一个受各种因素制约的相对性概念，它不是绝对的，而是具有动态性的。

【人类的安全】

考虑飞机、汽车和其他机械的安全以及车间生产安全等狭义类安全固然重要，但是在世界范围内科学和技术急剧进步的今天，我们深切地感到有必要把安全问题，从更广泛的意义上扩展为人类的安全问题。

科学和技术发展到今天，无疑对我们人类是非常有用的。正是由于科学和技术的进步，我们的生活水平才得以空前提高。由于科学技术取得了非常显著的成果，才使人们对科学技术的信赖达到了迷信的程度。一听到科学这个词，就认为是绝对正确合理的，如果说是不科学，便认为完全行不通，是不合理甚至是错误的。由此产生了只要使科学和技术进步，人类就能按照自己的意愿去驾驭自然的观念。

可是自然界并不是那么单纯的。大自然的组成极其复杂又极其微妙，无论是生物还是其他矿物，彼此间保持着相互协调而处于共存共荣的状态中。人类作为地球上生物中的一员，由于发展了科学技术，打乱了自然界的协调状态。所谓技术，从其出现的那天起就是反自然的。技术是用来改造自然而使之向有利于人类方面转化的，显然，只要使自然界发生某种变化，就会引起对自然的破坏。因此，不会有什么绝对安全的技术或者无公害的技术。只是当其对自然破坏程度很小时，由于对人类或其他生物产生的影响微乎其微，或者由于产生的影响仅限于局部范围，才使人视而不见而已。

在技术还不够发达的时代，人们对新技术总有些恐惧不安，甚至有些抵触，但是技术的实用性消除了人们对技术的恐惧感。然而现在由于人类对自然界的强力破坏，使本来与生物性质截然不同的有害物质在我们周围泛滥起来，这些有害物质对人类的安全构成了威胁。诸如疼痛病、水俣病等这些从来不曾有过的新型疾病的出现，就是个很好的证明。此外像哮喘症、肾脏病等不良症状已经在慢慢地侵蚀着我们的肌体。一种不祥的预感告诉我们，如果科学技术仍然按现在这个样子发展下去，恐怕在不远的将来，就会出现危及人类生存的态势。

I-3 观念的改变

在现代生活中，无论从哪方面讲，观念的改变都是必要的。这个问题之所以被许多人提了出来，是因为无论是经济问题还是社会问题，如果仍然以科学和技术为中心，按原来的方式发展下去的话，势必会产生各种难以解决的问题，甚至会出现人类在不远的将来是否会走向灭亡的危机。

科学和技术是人类在漫长的岁月里逐渐发展起来的，在最初阶段其发展速度是相当缓慢的。自19世纪中叶起其发展速度逐渐加快，到第二次世界大战以后这种发展速度开始急剧上升，我们的生活也随之发生了根本性的变化。

可是在1970年以后，科学和技术的发展给人类带来的不良影响开始逐渐显现，疼痛病和水俣病等事件的出现，才使我们开始认识到这一点。由此我们不能不担心，这些已经暴露出来的明显化的例子虽然是局部的现象，但是是否还会存在着以隐蔽的形式慢慢地侵蚀我们肌体的情况。每当我们听到有大气污染、水质污浊或者关于农药、食品添加剂等的有害性消息时，许多人便会以茫然而不安的心情考虑到：我们人类的身体是否还是真正健康的？

像以往那样认为经济发展快一些、多一些、规模大一些才好的指导思想，是错误的。今后应该提倡的是低速增长或负增长。当然，希望效率高、使用方便的想法是必要的，但是一种技术即使效率低一些、方便

图1-8 喷洒农药

性差一些而使用起来也很好，不是同样也应当给予注意吗？这就是我们常听到的一种说法，即观念的改变。那么是否实行慢一些、少一些、小一些的方针就可以了呢？恐怕也未必如此。有人认为时速超过300千米的电力机车太不必要，去远处何必要跑得那么快呢？然而说话者本人，恐怕也有过乘东海道新干线的高速电力机车从东京去大阪的亲身经历吧！

我们把多年来所做的事情进行根本性改变，使之沿完全不同的道路发展是极为困难的，也可以说是行不通的。观念的改变这件事，说起来容易，做起来却是相当困难的。

现代文明已经处于一定程度的发展状态，世界上的一切事物已经构成了一个系统。要想通过观念的改变，把这个系统中的一部分从历来的做法转变成新的做法，必将会导致整个系统的失调，而到处出现故障，最后只能使新的做法实行不了。若是墨守成规，那么人类在不远的将来很有可能招致悲惨的结局，因此观念的改变又是绝对必要的。作为其基本设想，这里仅指出如下三点："不引起自然破坏的技术是不存在的"、"资源是有限的"和最重要的一点，即"人类和在这个地球上生存的其他动植物一样，也是生物中的一员"。

科学和技术的迅速发展，使我们的生活水平迅速提高。因此，由于我们对科学和技术的伟大力量的叹服，而增加了对科学和技术的信赖感。结果使我们认定，科学和技术具有巨大力量，能使历来认为不可能的事情变成可能，并由此设想利用科学和技术的力量把自然界按人类的意志加以改造。

现在，虽然出现了作为汽车动力的内燃机排出废气污染大气的问题，但是有人认为，只要把内燃机加以技术性的改革，使它不再产生有害气体就可以了。显然这是对科学和技术的迷信，我们必须清楚地认识到，只要使用现在的内燃机、使用化石燃料，那么无论怎样进行技术改革，也不可能制造出不产生有害气体的内燃机来。

想防止内燃机排出的废气对大气造成的污染，不在于从技术方面，而在于从诸如什么是机械文明，什么是进步、发展等类基本思想性问题中去寻求答案。以为推进科学和技术就能解决问题，这只不过是我们被以往的技术进步成果所迷惑而已。

任何事情都应该效率高、处理上合理、速度快，这是我们的基本想法。大概不会有人对物品丰富、价格便宜是件好事这一点产生怀疑，可是当真事情做得快就是好，物品多价格便宜就是好吗？现在有必要很好地改变一下这些观念了。

大量制造物品势必要大量消耗地球上的各种资源。采掘加工自然资源为我们的生活服务，乍一看是不错的，但我们不应该忘记的是，在所进行的技术过程中，必然要伴随发生破坏自然的事件。

我们居住的这个地球是一个封闭的空间，在这个空间里的一切物体形成为一个循环系统，在这个系统中这些物体相互制约、协调共存。人类不过是组成这个系统中的一种生物而已，只是由于偶然的原因，人类具有了其他生物所没有的发达的大脑，由此开始使用火、经营农业并发展工业。这样一来，可以说现代人类已经切断了这个自然封闭循环系统的一环，也只有人类摆脱了这个循环系统的约束。

脱离开这个循环的生物是无法生存的，这是大自然的哲理。人类很快地意识到了这一点，深切感到如果不返回到这个自然循环里去，人类的未来是没有希望的。生物总要经历发生、发展直至灭亡的过程，既然人类是生物中的一员，也就避免不了灭亡的命运。但是达到自然消亡时期，大概要用几十万年或几十亿年的时间。可以说，现在是人类自己正在有意识地去缩短这个时间。

一味地发展科学和技术，不顾其他生物的生存而迅速获得经济繁荣的人类，把自己的生存条件弄得愈来愈窄。在进步和发展过程中，人们把危害自己生命的有害物质散布在地球上，这些有害物的数量不知不觉悄悄地在我们周围逐渐增加起来。今天，像人工合成物这类异物，在历经几亿年漫长的进化历史而形成的人体中，开始很快地积蓄起来，这不能不认为是给人类生命带来危害的严重事件。

所谓回归到自然中去的人类是指什么？进步发展又是怎么回事？现在已经到了该认真思考的时候了，也到了必须大胆改变传统观念的时候了。只去思考而不付诸实施是不行的，而在实施中，还必须具备极大的勇气和果断的行动。否则，只图安逸不加改变地继续现在这样的进步和发展，人类的灭亡无疑会加快到来。

I-4 人类的诞生

在我们居住的地球上，生活着无数的生物。从极小的动植物到相当大的动植物，其种类是非常多的。人类也是这众多生物中的一员，但是人类因为具有卓越的智能而不同于其他动植物。正因为如此，人类使用工具，并把工具加以改造而制成机械，以此与大自然作斗争，把自然改造成便于自身生存的状态。天气冷了就燃火取暖，自然界中可食用的东西不足了，就自己栽培植物或饲养动物作为食物。

人类观察自然，反复地进行实验，发现了隐蔽在自然界中的各种规律。人类利用这些规律发明了机械，从而提高了自己的生活水平。这样一来，人类用自己所掌握的各种技术生产生活必需的一切物品，创造了今天的文明社会。人类利用科学和技术，更好地改善自身生存条件，创造了舒适而丰富的生活。从整个世界来看，科学和技术已经给我们带来相当优越的生活条件。

地球大约在距今45亿年前就形成了现在这个样子，有了空气，也有海洋，温度也和现在相差无几。当时地球上还不存在有生命的生物，一切还在不断地进行着化学变化。由于化学变化的演进，地球上的物体逐渐发生了巨大变化，在数亿年的漫长岁月里，水中出现了生物。距今大约35亿年前，地球上出现了具有生命的物体。目前只能认

图1-9　人工取火

为生命现象是极为神秘的，对于生命是如何产生的问题还不够明确。这一生命现象的神秘性到现在还不能为我们人类的智慧所解明，当然这一解明似乎也没有什么必要。

经过20亿年乃至30亿年的漫长岁月，在地球上空气、水、温度、湿度、光等多种复杂因素相互制约的环境中，地球上产生的这种生命不断发生着变化。开始是极为简单的生命体，逐渐地，不但形状发生了改变，而且构造也复杂起来。这一般称作“生物进化”。不久，形成了细胞，产生了藻类。在距今大约10亿年前，出现了原生生物。后来又经历了几亿年的时间，出现了鱼类，继而进化为两栖类、爬虫类、始祖鸟、哺乳类。在距今大约200万年以前，人类的祖先开始生活在地球上。

在非洲发现的南方古猿已经开始使用木棒和散落在地面上的石块，手足有了分工，生活也由树上迁移到地面上来。生活在距今大约100万年前的爪哇直立猿人已经具有与现代人差不多的大脑，他们为了在地球上寻找更好的生活区域而到处奔波流浪，在大自然的威胁下生活着。

不久，地球进入了大冰河时期，气候变得异常寒冷。约50万年前，人类学会了人工取火和利用火。由于雷电或是火山爆发、山火等自然现象，地球上不少地方都发生过燃烧起火的现象。猿人在偶然的机会里食用过由这些火烧过的动物肉或植物，品尝到熟食的味道，从而想到用火，同时火用于取暖也很合适。可是仅仅利用自然火是极不方便的，于是我们的祖先想出了用木头相互摩擦从而生火的办法，需要时就可以人工取火。开始用火这件事，是人类历史上极其重要的事件，它对于人类生活条件的改善和持续生存起了巨大作用。人类在寒冷地区也可以居住了，而且由于烹调熟食而增加了人们的食物种类，同时火对防止因细菌而引起的疾病以及御敌防身也都起了重要作用。

表1–2　从人类诞生到科学技术萌芽

		47亿年前	地球诞生
前寒武纪		35亿年前	大陆与海洋，水中出现生物——生命
古世代		5亿年前	苔藓、鱼、两栖类、昆虫类、羊齿类、梅、菊
中世代		2亿年前	始祖鸟、显花植物、哺乳类
新生代	第3纪	6000万年前	陆地——几乎和现在一样，洞狮、猛犸象
		200万年前	猿人——南方古猿 使用工具 类人猿
		100万年前	直立猿人——爪哇猿人
	第4纪	60万年前	大冰河时期——尼安德特人（Neandertha）
		50万年前	用火
		10万年前	现代人类
旧石器时期		5万年前	脑的作用，生活方式和现在一样，长毛象、驯鹿
		1万5000年前	打制的剥片石器、石英片、石头刀、石叉、石凿子、石矛头、石锥、石锯、骨器、骨针
		1万年前	农耕畜牧开始
新石器时期		B.C.4000年	磨制石器，土器，狩猎、捕鱼、织物——利用草木的纤维，绢、毛等纺织品
金属时期		B.C.2000年	铜——埃及文明 青铜——科学技术萌芽，铁
技术萌芽时期		B.C.3世纪—B.C.2世纪	漏壶——水钟 阿基米德扬水器
		B.C.2世纪—B.C.1世纪	自动开闭的门（希罗） 自动调节灯（希罗） 蒸汽球（希罗）
		B.C.1世纪	使用水车
		B.C.1世纪—纪元0年	5类简单机械

但是从另一方面讲，可以说今天的大气污染是始于人类用火。然而毕竟当时人的数量不多，而且仅在非用不可的情况下才去用火，涉及的区域又极有限，因此不存在因为人类用火而导致人畜受害的问题。就这样，大约在10万年前，现代人类诞生了。

工具的使用和用火，是猿人进化到现代人的重要条件。这两件事可以说是猿人向现代人进化中的革命性事件。

如上所述，人类是经历了几十亿年的漫长岁月，而且在这些岁月间生活在各种条件下，耐受并克服了自然界的严酷变故而生存至今的生物。生物体一般是由蛋白质、核酸、糖、脂肪、水等组成，形成这些物质的元素中，氢、氧、氮、碳4种元素占了99%，所余的1%是钠、钾、镁、钙、磷、硫、氯等7种元素。这4种元素和7种元素共11种元素，是生物共同具有的，此外还有极微量的元素，如钒、铬、钼、锰、铁、钴、铜、锌、锡等金属元素和硼、氟、硅、硒、碘等非金属元素存在于生物体内。例如，人类需要微量的铁，但是铁的数量过多或过少都不好，只有适量才是必要的。

还需提及的一个重要问题是：生物体内不存在镉、铅、汞、锑、铋、锗等重金属元素。不存在的本身意味着生物在几亿年的历史发展中，这些重金属对生物体是不需要的或是有害的，是被生物体排除了的物质。人体是由什么元素构成的？环境污染对人类生命产生什么影响？这是当前研究中极为重要的课题。值得注意的是：人类物质系统秩序的最终形成是经历了几亿年的漫长岁月的，每一种生物都具有几亿年的漫长的自身发展历史，这个事实的重要性是不容否定的。

此外，自20世纪中叶起大量使用的人工合成物质是自然界原来并不存在的，当然也是生物体内不存在的新物质。只要考察一下生物的历史，就可以认定这些人工合成物质对生物肯定是有害的。

我们对人类的本质作进一步地探讨还会发现，人类和其他动物一样，为了获取食物，在睡眠以外的时间里，用自己的手和脚不停地活动着。使用手脚进行劳动，是人类赖以生存下去的头等大事。另一方面，人类也希望能够愉快、舒适地生活。技术的发展可以认为是人类为了达到这种目的而做出的努力——只要机械文明高度发展，人类就可以几乎不用自己动手并愉快地生活下去，这就导致了人类无视自身的健康生存条件去高度发展技术。如果人类不动手脚仅使用头脑生活下去的话，还会出现危及维持人这种生物的生命问题。

现在，技术在高速发展着，但保持人体健康的条件已遭受到严重的破坏，这足以说明技术发展是有限度的，这是我们必须认真予以考虑的。

Ⅱ.技术的萌芽
——工具的发展

人类由于使用工具而踏上了与其他动物完全不同的发展道路。最初人类所用的工具是落在地上的木棒、石块，原始人使用这些木棒和石块采集植物果实、与动物搏斗，以保证食物的来源。为了更有效地发挥这些工具的作用，就需要适当地改变它们的形状，当把石块敲碎时，可以得到带有利刃形状的石块。这种形状的石块很适合切割兽肉，而且打制的剥片石器还有其他各种用途。后来，人类用石头制成了石刀、凿子、扎枪头、石锥以及石锯，用吃完肉剩下的兽骨制成了骨针。

这样，人类的生活条件渐渐好了起来。这是距今3万~4万年前的情况，一般把这个时期称为旧石器时代。

此后不久，人类不仅用敲打的办法制造石器，还进一步用磨制的方法制造出更为适用的石器，工具由打制石器转向磨制石器。

图2-1　打制石器

大约在1万年前，人类开始了农耕和畜牧，而在那以前主要依靠自然生长的植物作为食物。一个地方的植物采集完就迁移到另一个地方去，人类为了获取植物而四处迁移。野生动物也是人类的食物来源之一。在得不到植物和动物时，人类只好忍受饥苦甚至饿死。如果自己耕田种地，可以消除因食物不足带来的苦恼；如果自己饲养动物，在需要时也可以用它们的肉来充饥。这样一来，开始从事农耕、畜牧业的人类，就不必像以前那样再为食物来源而费尽心机了。

为了耕地需要使用犁和锄，这些工具不可能仅靠敲打石块的办法来制造，因此人类发明了用磨制的办法制造犁、锄以及农耕畜牧用的其他工具。从事农耕畜牧的人们，开始自己去培育植物、饲养动物，由此保证了食物的供应，扩展了人类的生存条件。

使用磨制石器的时代叫做新石器时代。在这个时代里，人类开始将植物纤维纺成纱线，并用纱线织出布来；同时还想方设法用动物毛纺成毛线，再用这种毛线制成毛织品；还开始用绢丝织造丝织品。

图2-2　加工成的石器

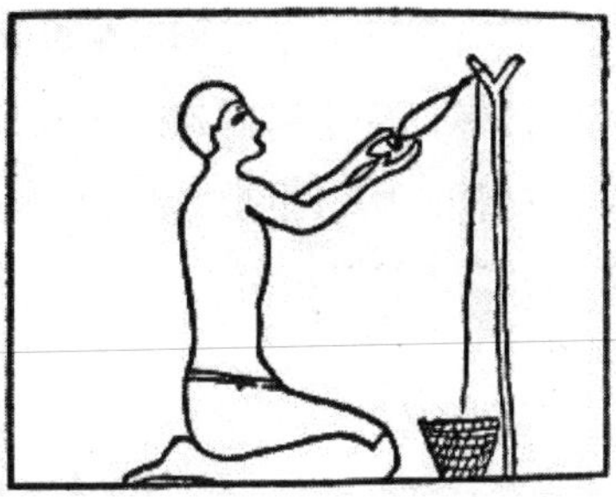

图2-3　纺织

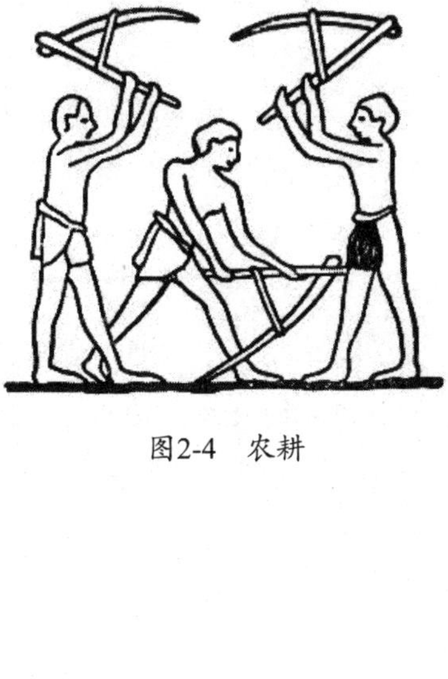

图2-4　农耕

图2-5　金属的应用

从公元前3000—前2000年起，人类开始使用铜、青铜、铁等金属。只要把金属加热熔化，注入固定的模子里使之凝固，就能比较容易地制造出犁和锄来，同时用金属也可以制出其他各类器具。金属比木材硬得多，用金属制造的工具使用的时间也长久。由于金属是极为方便的材料，所以也被大量使用在生活必需品的制作中。金属的应用促进了各种工具的改革。

Ⅱ-1　简单机械

【车轮的发明】

为了搬运物体，大约在公元前5000—前4000年间，苏美尔人就发明了车轮。起初，搬运物体都是用爬犁。如果在爬犁下面放上圆木，就会更容易拉动它，人们可能是由此而设想出车轮来的。开始时先把木头横切制成轮子，或用一些木棒组合制成车轮，进而在中心安装上车轴制成更好的运输工具。

安装有车轮的平台即运货车，最初人们是用手推动或拉动而使其行进的。在大约公元前3000—前2000年间，已经用牛来牵引。为了便于这种运载货物的车辆行驶，人们还开始修筑道路。

图2-6　车轮

图2-7　战车

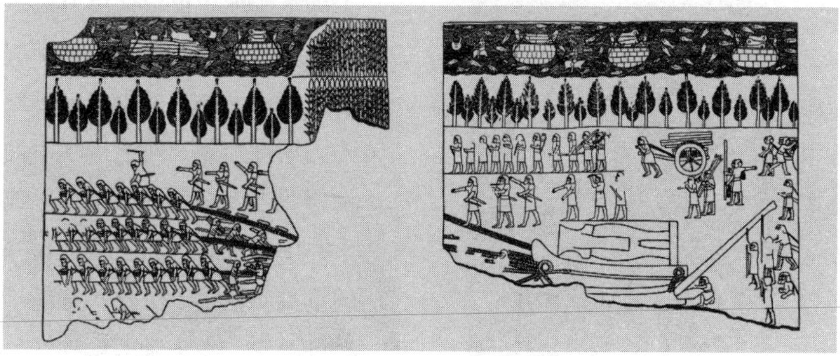

图2-8　巨石搬运

【杠杆的利用】

移动重物利用杠杆（撬杠）是很方便的。在搬运大块石头时，用长木棒做杠杆，并在石头下放置圆木，搬运起来就相当容易。圆木后来发展成车轮已如前述。在古埃及、巴比伦和古希腊等地有许多大型神庙，神庙里都有很大的石雕神像。同时，在这些国家里还出现了人群集中居住的城市。在这些城市里，人们为了生活的需要兴建了各种土木工程，出现了搬运建筑用石、挖土修路以及烧制砖瓦等工作，在这些工作中都使用了杠杆。

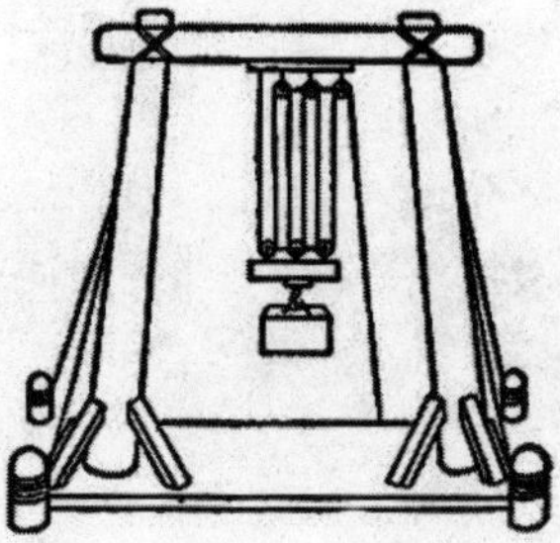

图2-9 起重机

图2-10 滑轮的使用

【滑轮的发明】

在埃及尼罗河，美索不达米亚的底格里斯河、幼发拉底河这样一些把上游肥沃土壤冲刷到下游的大河两岸，农业发展起来。由于这些大河经常泛滥，人们在治水方面做出了很大的努力，开凿的运河既防止了洪水流进城市，又可以进行灌溉。水对于生活在城市中的居民来说是必不可少的，为此人们挖掘水井、建造供水用的水道，当人们用桶从水道里或水井中提水时，为了减轻提升的重量而使用了滑轮。把绳子套过滑轮，一头系上重物，另一头由人牵引就可以改变力的方向，这种装置在提升其他物品时也得到了应用。把一些滑轮适当地组合起来，只需用很小的力气就能得到很大的输出力。一个人的力量有限，提不起太重的物体，而使用滑轮就能把一个人提不动的重物提起来。按照这个原理人类发明了起重机。

【螺旋的发明】

螺旋是在什么时候由谁发明的并不清楚。有人说是由于古代人看到盘绕在树木上的藤萝在树木生长中残留下的螺旋状的痕迹而设想出的；也有人说是由于古代人见到扭转湿黏土出现的螺旋形状而得到启示的。当时在各种场合使用的都是用圆木棒刻制成的木螺旋。

古希腊的阿基米德（Archimedes，B.C.287—B.C.212）是“浮力定律”和“杠杆原理”的发现者。据说他还发明了用旋转螺旋形的中空圆筒把水汲上来的“阿基米德螺旋”。利用这种螺旋的抽水机是很有意思的：把螺旋筒倾斜放置，下端浸入水中，当它旋转时进入螺旋凹纹部分的水就逐渐上升并从筒的上方流出来。有人曾提出过一个很有趣的设想：在这种水筒中央安装上水车，由筒上方流出来的水落下去冲击水车叶片而使水车转动做功。如果用这样转动起来的水车带动水筒旋转，又可以把下面的水抽到上面去，只要使抽上来的水再落下来驱动水车旋转，那么这个带螺旋的圆筒就会永远跟着转动，把下面的水不停地抽到上方去。后来许多科学家、工匠设计过各种装置并进行了实验，希望能够制成一种可以持续运动的机械，即永动机，但是实际上没有一个装置能持续地转动起来。

螺旋广泛应用在制造葡萄酒和橄榄油用的压榨机、后来的印刷机以及作为连接用的螺栓和螺母等方面。

图2-11　阿基米德抽水机

【斜面的利用】

图2-12　斜面的利用

人们很早就开始利用斜面搬运重物了。登山时不沿直线直接上去，而是按“Z”字形往上走，就是利用了斜面。斜面的倾斜角愈小，就愈能用很少的力量把重物拉上去。把三角形的纸卷成圆筒状，沿斜边画出沟槽就能制成螺旋，所以说螺旋也是应用了斜面的原理制成的。

【轮轴的发明】

这是一种把一大一小两个轮子用同一个轴连结在一起，用较小的动力就可以得到较大的输出力的装置。

上述的车轮、杠杆、滑轮、螺旋、轮轴叫作简单机械。众所周知，这些简单机械成为了后来技术发展的基础。

Ⅱ–2　自动装置

古希腊的克特西比乌斯（Ctesibius，B.C.285—B.C.222）是一位在公元前2世纪活跃于埃及亚历山大里亚的发明家。他最初的发明是给做理发匠的父亲安装的一个利用铅锤使镜子上下活动的装置，他还制作过把空气压入管内使之发音的管风琴。他最有名的发明是对古埃及水钟的改革：向容器中均匀地不断注入少量的水，随着水的积蓄使水面上的浮子缓慢升高，浮子上端的指针就指出了刻在筒上的刻度，由刻度就可以读出时间来。这种装置叫作漏壶，筒上的刻度可以调整，以便在一年内任何季节都能使用。这种水钟是古代时钟中能最正确地指示时间的一种，在17世纪荷兰物理学家惠更斯（Christian Huygens，

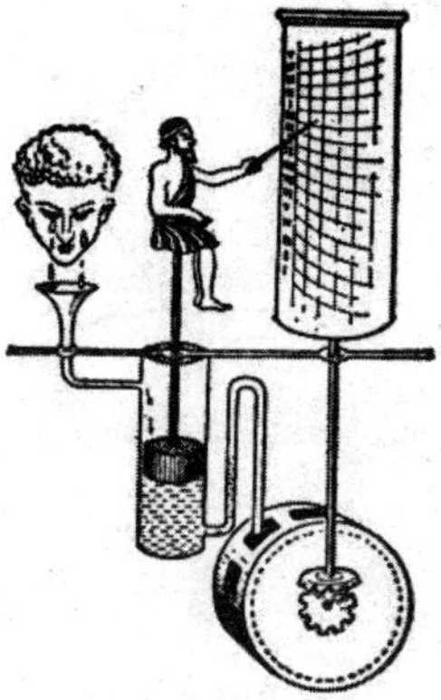

图2-13　克特西比乌斯的水钟

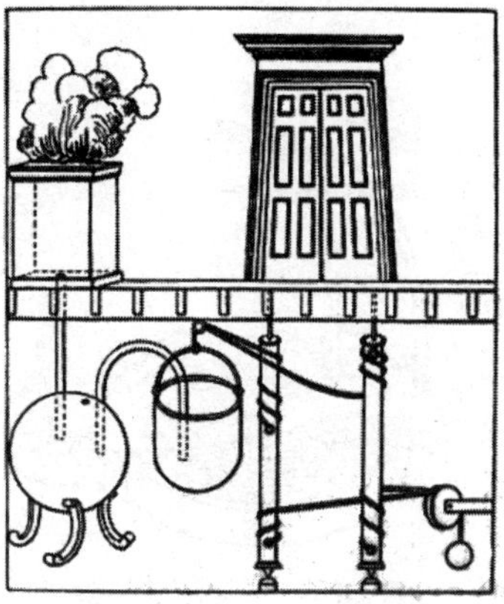

图2-14　神殿的门

1629—1695）发明单摆时钟之前，一直都在使用。

同样活跃在亚历山大里亚的希罗（Hero of Alexandria，约A.C.10—A.C.70）在《气体装置》一书中，对当时的机械装置做了解说。其中之一是能自动启闭的门：在神殿前设有祭坛，当在祭坛上点火时，祭坛下面容器中的空气受热膨胀，把容器底部的水挤压到另外的容器中，从而拉拽卷在门轴上的绳子。当信徒把火在祭坛上点燃时，用不了多久神殿的大门就会静静地打开。希罗在书中还对能自动把油灯芯推出来的“自动调节油灯”等做了记载。

希罗最有名的发明物是可以被看作现代汽轮机雏形的蒸汽球：把注入下部大容器中的水加热，生成的蒸汽由管子导入上面的球体中，当蒸汽从安装在球体两侧的两个喷口激烈喷出时，由于反冲作用而使球旋转起来。

希罗在书中还记述了他设计的在神庙中供信徒洗手、漱口用的能够自动出水的“自动圣水装置”：当把硬币从上方的开口处投入这个装置中时，在硬币重量的作用下，便会打开出水口，使水流出来。这可以被看作是现代自动售票机的始祖。

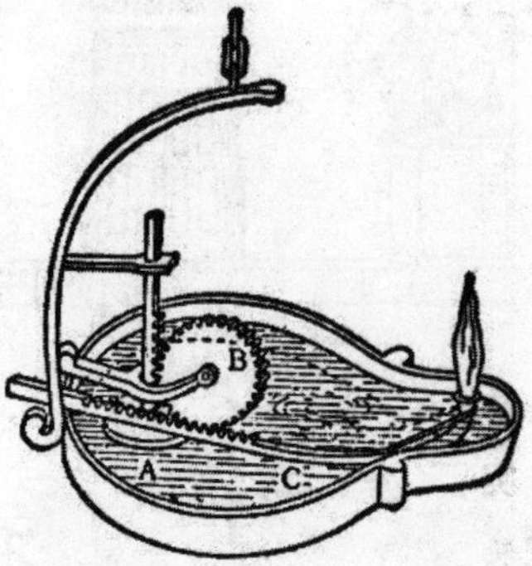

图2-15　自动调节油灯

图2-16　希罗的蒸汽球

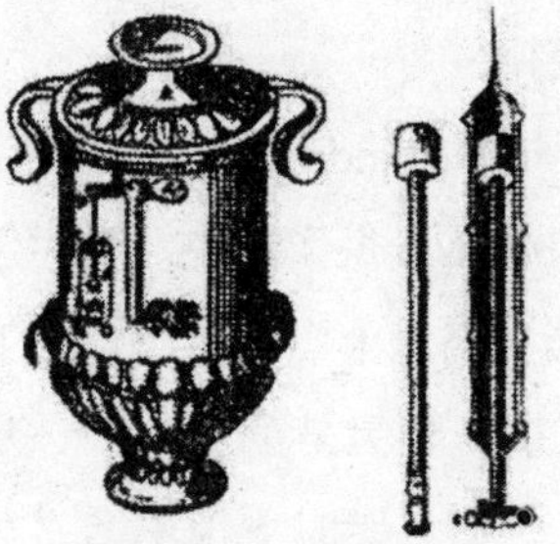

图2-17　自动圣水装置

希罗在书中还写了有关力学的论文，指出当使用杠杆、滑轮、轮轴、斜面、螺旋等简单机械时，不但能改变力的方向，还可以增大输出的力，同时还阐明了力在不断加大时将伴随力的作用距离的缩短。他还提出了由于空气可以被压缩，因此空气是由分散的粒子组成的见解，从而使古希腊哲学家德谟克里特（Democrits，B.C.460—B.C.370）的原子论得以再现。

公元前人们花费心血研究的这些机械装置并未能投入实际应用，虽然由奴隶劳动所养育的科学家和发明家们凭借自己的兴趣设计了这些机械装置，但是大批奴隶仍在使用杠杆和滑轮从事着繁重的体力劳动。

Ⅱ-3　从人力到自然力的利用

人类为了生存下去，必须确保衣食住。为了防寒和抵御外敌侵犯，人们开始学会织布并用布缠裹身体。衣服既是为了美化自己而穿用，同时又是显示权利的象征。当时人类用麻一类的强度较大的纤维纺成纱，再用纱织成布，还把绢丝或动物毛捻成线并设法用这些线织布。

获取食物既可以靠耕田、播种、培育作物从而取用其果实，也可以靠饲养动物食用其肉。这样一来，就有可能克服由于自然现象而使人类遭受的饥困。

【纺织】

人类开始从事的农耕将以前采集自然界中的天然植物作为食物转化为自己生产食物，其结果是使人类组成了集团、形成村落并开始了定居生活。人类生活状况有了改善，狩猎时代学得的技能得以灵活运用，由此促进了制造农耕用具和陶器技术的进步。

女人们用植物纤维编成篮子之类的容器供放置食物用，同时开始用纱线织造纺织品。现存最古老的纺织品是从埃及拜达里（El Badari）遗址出土的公元前5000年左右的平织物。在公元前2000年左右的古埃及坟墓里，就画有从事纺纱的人们。这些墓画中除绘出了用一个纺锤吊着纺纱的普通方法之外，还绘出了使用两个纺锤劳作的男人和女人们。从中可以看出，他们在纺纱作业中都表现出相当熟练的样子。

在埃及的贝尼·哈桑（Beni Hasan）的门图·亥特普（Mentu Hetep）坟墓里，画有用纱编织织物的情景，这也是公元前2000年左右的遗迹。图中使用的是让横纱穿过垂直悬挂的纵纱的麻织机，属于竖织机。此外在赛悌（Seti）坟墓的壁画中，还描绘有水平式织机。在这以后，织布技术在很长时间里几乎没有什么变化。公元前600年左右，

图2-18　纺纱与织布

在古希腊花瓶的绘画中描绘的一种织机，是把纱挂在立于地面上的两根支柱上端的横木上，通过吊挂的纺锤重量而向下拉直纱线进行织布的一种织机。

【农耕】

开荒耕田，播下植物种子并将培育的植物当作食物，这在保证人类食物需求方面是极为重要的。在很长的时期里，农耕用的犁和锄都是用木材制作的。在田地里种庄稼首先要开垦荒地，以使之有利于作物的生长。人们用锄和木槌等工具挖掘土地、打碎土块，在这些处理过的土地上再用牛拉犁翻耕、播种。由于种田需要水，人们还要从水池或水井中提水灌溉。

人们在汲水时，使用了用揉制过的皮革制成的袋子、木制的带柄的勺以及黏土制的容器等工具，并在水井上放置木板作为立脚点，将皮带或捻制的纤维绳系在这些容器上，进行汲水作业。如果在水井的两侧竖立两根立柱，把绳子搭在立柱上方的横木杆上，绳子一端系汲水容器，拉拽绳子的另一端就可以比较轻松地提起水来。若在横木杆上安上滑轮，则提水就更为轻便了。公元前1500年前，人类就已经利用滑轮来进行汲水作业了。

汲水的另一个方法是利用桔槔，这在古埃及国王坟墓里的图画中（公元前1500年左右）可以见到。大约在公元前3000年左右，埃及就使用这种工具了。

【车的利用】

在人类的生活中，经常要通过手提或用肩扛来搬运物体，但是更大或者更重的物体用手是拿不动的，因此人们首先想到使用爬犁。把重物放在爬犁上并加以牵引，比用手搬运要轻便得多，但是爬犁与地面之间有摩擦，拉起来还是相当费力的。如果在爬犁下面插入圆木，载物的爬犁就容易拉动了，从而可以使搬运工作变得更为容易。这种圆木后来发展成车轮。

公元前2000年以前，人们将粗圆木切成的实心车轮安装上车轴，制成双轮车用来搬运货物，由人牵引行进。有了双轮车，四轮车也就很快被制造了出来。在公元前1000年之前，牛是主要用来运送货物的牲畜，而早在公元前3000年左右，苏美尔人就已经用驴来牵引战车。由于野生驴个子小，一台车不只用一头，而经常是套用两头或四头。公元前2000年左右，牛和驴都是用来拉车的动物。

再往后，人们又开始用马拉车。可是用马拉车要求驾车人必须能

图2-19　战车

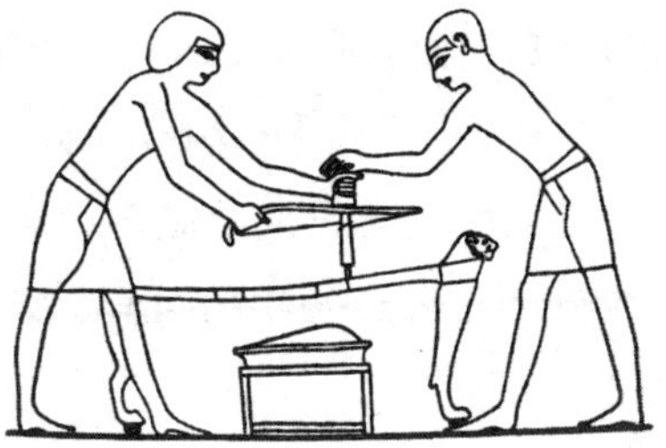

图2-20　弓钻

很巧妙地驾驭，于是人们发明了套在马嘴上的嚼子。这样，驾驭起马来就容易多了，马车开始成为极为方便的交通工具。

这样，车作为远途运送人或货物的工具而不断得到发展。

【弓钻】

利用能做旋转运动的钻作为加工用的工具，是一件极为重要的发明。古埃及自公元前2500年左右就出现了弓钻。弓钻是一种把皮带缠绕在钻杆上，把皮带两头连接在钻弓上的钻孔工具，使用时只要把弓前后拉动使钻旋转起来，就能进行钻孔加工。这种弓钻很快得到了普及，在欧洲中世纪曲柄钻发明之前，这种弓钻被广泛应用在钻孔作业中。

弓钻在实际使用时，必须有一个能使钻杆自由旋转的把柄，操作弓钻的人要紧紧压住这个把柄。这种把柄实际上是一种轴承，通常是用直径5厘米的石滚制成的。钻杆的旋转可以逐渐将它研磨成合适的轴承。

【自然力的利用】

人类在很长的历史时期内制造并使用工具，仅靠自身的体力搬运物体，后来借助了牛、马等动物的力量，在陆地上广泛地使用牛车、马车作为运输工具。

另一方面，人们从很早以前就设想利用船只在海上航行。以独木舟为开端，作为海上交通和捕鱼工具的船逐渐发展起来。公元前2000年，海上就有了用木板制造的船只，人们使用木桨驱动船只前进。

在古埃及的早期绘画中，可以看到张挂着几张方形篷的帆船。大约在公元前2500年的时候，就已经出现了在海上乘风行驶的木制帆船。

利用风力驱动船只的想法是人类的重大发现。随着用人力或畜力驱动的各种装置的广泛使用，人们的生活在不断改善。同时，这些装置也得到改革，结构变得更加复杂，驱动它们也就需要更大的动力。人力和畜力已经不够用了，这就要求人们必须另外去寻求输出力量更大的动力。生物有时会生病，还需要不断地供给食物，而且它们不可能一天24小时不间断地劳动，它们会疲劳，也需要休息和睡觉。

对风这样的自然力，就没有必要像对待生物那样操心，在需要时可以连续使用而不必担心它会疲劳。

除了风力外，人们还发现了一种方便适用的自然力，这就是水力。

【水车的发明】

最初制成的水车是一种称作挪威型的水车，它的轴是垂直的。这种水车在形式上和用驴等动物驱动的水车是一样的，只是把利用动物肌肉的力换成了利用水流冲击的力。公元前1世纪左右，罗马的工匠们把这种原始水车改良成罗马型水车，作为原动机的水车由此得以问世。这种罗马型水车的轴是水平的。在当时的技术条件下，挪威型水车效率很低，因此只有罗马型水车得到了发展和普及。直到19世纪，才出现了改良后的新型挪威型水车。

当时的罗马型水车，是一种超过其他任何动力的强大的动力机械，哪里有流动的水流就可以在哪里开动它。依据把水导向水车叶片部位的不同，工匠们制作出上射式、中射式和下射式等各种类型的水车。当时的这些水车主要是用来推动磨制面粉用的石磨。

图2-21　挪威型水车

图2-22　罗马型水车（下射式）

图2-23　罗马型水车（上射式）

后来这种使用方便的水车不仅用于磨制面粉，还用于粉碎矿石、挤缩布匹以及带动加工木材的锯和榨油机械，甚至用来驱动重锤锻造被加热的金属等。水车作为各种工作的动力机械，在欧洲各地得到了广泛的应用。

许多工匠在这些以水车为动力的作坊中从事着各种技术工作，他们致力于改革机械，并为了某种目的设计制造新装置。他们有许多技术问题需要解决，诸如用哪种轴承支承水车轴为好？怎样防止轴承和轴的磨损？有哪些润滑方法？用什么方法传递轴旋转的动力？用什么方法将水车轴的运动传送给鼓风风箱较为合适？为此他们制造了用于传递运动的齿轮，设计了联杆装置，按不同的用途设计出各种形状的齿轮以及其他机构。这样一来，工匠们解决了许多实际的技术问题，搞出了不少发明创造。

在中世纪的欧洲，技术以水车作坊为中心得到发展。有磨制面粉作坊含义的磨坊（mill）一词，可以视作后来工场概念的起源。

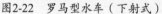

图2-24　锻造鼓风用水车

图2-25　石臼（爱丁堡）

【风车的发明】

公元前2500年左右，人类就掌握了操纵风帆、利用风力让船在海上行驶的办法，另一方面，在陆地上则出现了利用风力运动的风车。这种风车最早是什么时候被制造出来的尚难考证，但是在1270年英国出版的《风车的诗篇》一书中，已经绘有风车插图。这是最早在书籍中绘制的风车。风车和水车一样，早期都用于驱动磨粉机或扬水。

但是，风不一定总是有，而且风的方向也不固定。因此，要使风车能令人满意地运转，就必须解决如何使风车的风翼总是迎着风这一棘手的问题。

虽然还不清楚风车最初是在什么时候、什么地方使用的，但是公元前1000年的时候就已经出现磨粉用的风车了。据波斯地理学家马苏迪（Abū'l-Hasan Ali b al-Husain al-Mas'ūdī，？—956）记述，当时在波斯的锡斯坦州已经有人用风车提取井水和向庭院里引水。

在欧洲，风车是在12世纪以后出现的，13世纪在北欧平原地区推广开来。14世纪以后，在欧洲平原地区，风车已被当作相当重要的动力机械使用了。欧洲的风车是风翼垂直安装的垂直型风车，由于风吹来的方向并不固定，因此需要使全部风翼随风向改变。在14、15世纪已经制造出能改变风翼方向的两种类型的风车。在木制的大型箱体中放入磨粉机之类的机械，在箱体稍上方的外部安上风车，风车轴旋转就带动了磨粉机等机械工作。风向变化，整个箱体连同风车一起转动的风车叫箱型风车；整个箱体不动，仅是头部的风车随风向转动的叫塔型风车。

荷兰风车已为人所共知，但是即使在荷兰，风车最初也只是用来磨制面粉的。到了1430年，在一些低洼地带出现了排水用的风车。17世纪在达恩地区已经有700多台风车在运转，最多的时候在北部七个州共有大约8 000台风车。

除了安装四只风翼的普通风车外，还有若干种变形风车。意大利的维兰齐奥（Faustus Veranzio，1551—？）在1620年出版的《新机械》一书中，记载有圆锥屋顶式的风车以及四角张着布翼水平配置的风车。

图2-26　箱型风车

图2-27　塔型风车

进入18世纪后，虽然发明了蒸汽机，但是仍有人在进行风车的改革工作，使其性能不断得到提高。英国的技师埃德蒙·利（Edmund Lee）在1745年设计出使风车能够保持正对风向的自动转向方法。此外，1772年麦克尔（Andrew Meikle，1719—1811）还设计了使风车叶片随风的强度而改变受风面积的办法。

风车有其不可避免的缺点，没有风时就无法使用。同时，想把风车的动力传向远处也是相当困难的，而且风车的输出功率也是有限的。随着蒸汽机以及19世纪后半叶内燃机的发明和实际应用，风车便逐渐销声匿迹了。

【时钟的进步】

漏刻和日晷在人类历史上曾经被使用了很长时间。到了13世纪，随着各种技术的进步，能更准确指示时刻的新型时钟被制造出来。法国皇帝查理五世（Charles Ⅴ，Le Sage，1339—1380）让德国钟表师亨利·德维克（Henry de Vick，14世纪）在宫殿塔楼上安装大钟。德维克用了8年时间制成了这座大钟，并在1370年完工后一直住在钟楼里做维

图2-28　日晷

图2-29　多佛尔城（Dover）的时钟

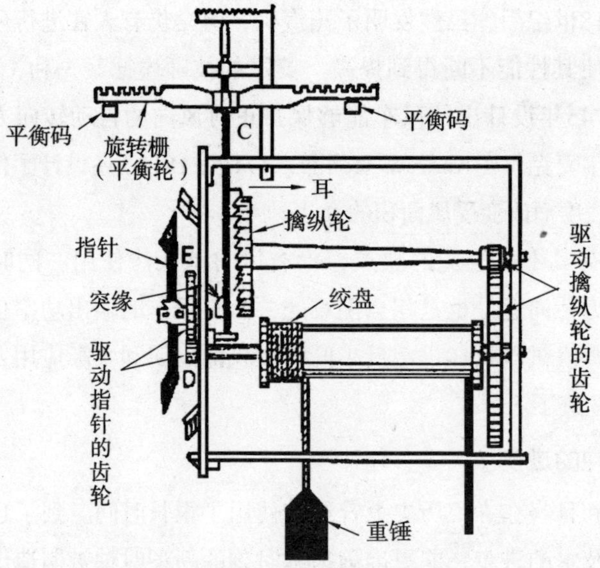

图2-30　德维克的时钟

护工作。法国著名的钟表学者列·罗依（Julion Le Roy，？—1759）曾对这座大钟做了记述。

这座钟的结构大致是这样的：在盘绕在绞盘上的绳子一端系一重锤，由于重锤的下落而使绞盘转动，由此来作为时钟运转的动力。绞盘的转动通过齿轮带动擒纵轮旋转，擒纵轮与竖轴的上下凸起相联并带动安装在竖轴上部的平衡轮转动。由于平衡轮两端装有惰性重码，即平衡码，从而使平衡轮的转速保持平稳均匀。这样，绞盘的旋转也较为缓慢且转速几乎不变，由绞盘轴通过齿轮带动指针缓慢旋转就能指示出时间来。通常人们把这种时钟叫作机械钟，它比以往任何时钟都能更为准确地指示时间。

早期制造的机械钟一般都安装在教堂等建筑物的塔楼上，有很多时钟是没有表盘和指针的，到了时间就敲响，以使附近的人们知道时间。留存至今的英国索尔兹伯里（Salisbury）教堂的机械钟，是在1386年制造的，它既没有指针也没有表盘。英国萨默塞特（Samerset）的韦尔斯教堂的机械钟也是在同一时期制造的，但它有表盘。

15世纪末，德国机械师亨累（Peter Henlein，1480—1542）设计出用发条代替重锤的时钟。他把带状的有弹性的金属细发条层层盘绕起来，用它来代替重锤和绞盘作为动力。这种发条时钟使得钟表向小型化发展变为可能。后来，钟表匠们制造出可以随身携带的怀表。最早的时候，这种怀表是卵圆形的，因此有人把它叫作“纽伦堡蛋”。那时，钟表还是一种价格昂贵的奢侈品，时常能见到有人在脖子下面挂上这么一个小钟，洋洋得意地在马路上漫步。

16世纪末，19岁的意大利物理学家伽利略（Galileo Galilei，1564—1642）发现了单摆的等时性。到1660年，荷兰的惠更斯（Christian Huygens，1629—1695）制成了一种利用单摆的摆锤式时钟，这种时钟能更精确地指示时间。

Ⅲ. 文艺复兴时代
——学问的振兴

13世纪以后，欧洲的经济条件渐渐发生了变化，居住在城市中的市民开始发生思想性的变革。特别是在意大利，摆脱中世纪封建主义思想枷锁的运动高涨起来。否定禁欲主义的薄伽丘（Giovanni Boccàccio，1313—1375）出生于佛罗伦萨，他写的《十日谈》一书，是对封建制度提出谴责、提倡自由发挥个人欲望的人文主义的先驱性著作。所谓人文主义，是一场强调人性、期望借助对古典文化的搜集和研究以提高人的素养的市民运动。由意大利产生而推广到整个欧洲的这一运动，自14世纪起更加蓬勃地发展起来，并一直延续到16世纪末。由于这一运动包含有复兴基督教兴起前的古希腊罗马古典文化的内容，因此被称作文艺复兴，这个词在法语中是“再生”的意思。

这一运动是人类在各个领域活动的转折点。随着各种技术的发展，地方城市日益兴旺，世界贸易市场日趋扩大，因此经济结构的发展变化便成了推动这一运动发展的动力。

在欧洲各地，人们以过上更为优裕的生活为目标，为了生产日常生活所必需的各种物品而制造机械。当时虽然生产能力有限，但是机械的数量在逐渐增多。进入12、13世纪后，随着社会的进步，机械的种类也增加了，而且性能也有了提高。在衣物、食品、住房方面，从饭锅、钟表到运输车辆等生活必需品的种类也在不断增加。与此同时，人们的社会生活也发生了变化。欧洲各地的城市得到迅速的发展，城市中的人口也在增多。伴随着各种生产活动和满足人们求知的需求，学术活动也逐渐地兴盛起来。

图3-1　佛罗伦萨

15世纪，意大利城市佛罗伦萨发展成为连接西亚和欧洲的交通枢纽，是一个繁荣的贸易海港。靠东西方贸易而致富的人们，生气勃勃地在这里活动着，这里也成为了欧洲的金融中心。在意大利，由于没有拥有权势的中世纪封建君主，各城市都是各自独立的城邦。居住在这里的市民以平等的身份参加政治活动从而形成了自治的国家，其中佛罗伦萨就是个典型的城市共和国。

从1438年到1439年，佛罗伦萨召开了东西方两大教会[1]的宗教联合会议，很多来自君士坦丁堡的希腊学者们集聚一堂。1453年土耳其人攻占君士坦丁堡之后，佛罗伦萨成为这些希腊学者的流亡地，这使

[1] 指以罗马为中心的天主教和以拜占庭首都君士坦丁堡为中心的东正教。

得佛罗伦萨变成了一座在商业和学术方面都很繁荣的城市。

这样一来，推行古典文化的佛罗伦萨，便给该地区的自由市民以很大影响。特别是佛罗伦萨的有权势的领导人物柯西莫·德·美第奇（Cosimo il Vecchio de' Medici，1389—1464），作为一位古典文化的信奉者，他不但致力于移植和复兴古典文化，还努力领会古典文化精神，大力开发古典文化。

Ⅲ-1　印刷术

图3-2　古滕堡

纸是公元1—2世纪在中国发明的，后来经摩尔人[1]传到欧洲。自13世纪起，纸被大量地制造出来，进入14世纪纸的产量就更多了，价格也便宜了。很早以前就出现了在纸上印刷文字和图画的技术，那时是将文字刻在木板上印刷的。

进入中世纪以后，德国成为印刷出版的中心。以研究金属活字印刷而闻名的古滕堡（Johannes Gensfleisch Gutenberg，约1398—1468）就是当时杰出的代表，他出生于法兰克福西部莱茵河畔美因茨市的一个旧贵族家庭。

自1428年起，美因茨市的贵族和平民就不断发生争斗，古滕堡一家为了逃避这场灾难，于1434年迁居到莱茵河下游的斯特拉斯堡（Strausberg）。自这一时期起，古滕堡开始进行活字印刷的研究和发

[1] 摩尔（Moor）人，居住在非洲西北部的信奉伊斯兰教的民族。

明工作。当时正值文艺复兴时期，僧院盛行宗教书籍抄写本的出版发行，书籍的需求量在迅速增加。古滕堡是一个做金银首饰的手工匠人，在做金银首饰的同时，他首先研究铅活字的铸造技术。他用钢铁雕成字模，再把这种字模敲入柔软的铜板中制成阴模，然后以阴模为底，把铜板四边折合起来并加以密封做成铸字模，最后将铅浇入在铸字模上预先留出的小孔内制成活字。他反复研究铅的硬度，发明了在铅中加入少量锡和锑的适宜做铅字的“三元合金”材料。可以说，这是古滕堡的一大功绩。这种三元合金在500年后的今天也几乎没有什么更改，在计算机排版印刷普及前一直作为印刷活字材料使用。

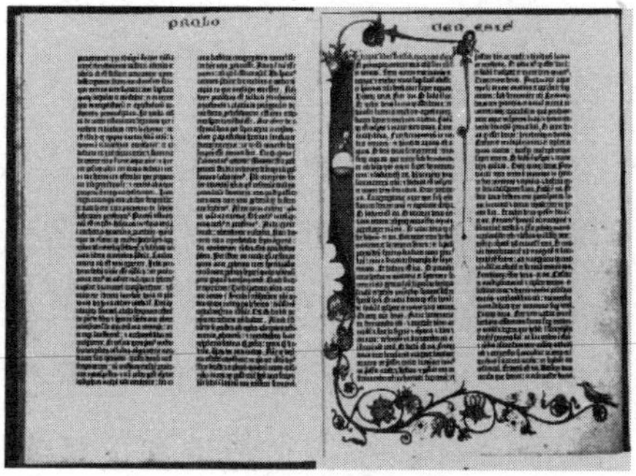

图3-3　42行圣经

铅活字印刷用的油墨是古滕堡从一种黏性油漆中提炼出来的。后来，受莱茵地区使用的葡萄压榨机的启示，他设计出了木制螺旋印刷机，这种印刷机在印刷时采取了全新的加压方式。以前靠手工操作的木板印刷方法，只能在纸的单面印刷，而古滕堡的这种印刷机，可以双面同时印刷。古滕堡在改革印刷术的过程中耗费了大量资金，他虽然出身贵族也不免要靠借钱艰苦度日，然而印刷技术却由于他的卓越贡献而得到极大的发展，到了1440年前后，许多相当精美的印刷品已经产生。1444年，斯特拉斯堡的农民战争爆发。由于家被烧毁，古滕堡又搬回了故乡美因茨，靠借贷继续研究印刷术，并试印了圣经，这就是所谓的《36行圣经》。

1450年，古滕堡向美因茨的首饰匠人约翰·福斯特（Johann Fust，？—1466）高利借贷了一笔数目可观的钱，建立了自己的印刷厂，并按福斯特的要求开始印刷圣经。由于古滕堡经营不利，福斯特想借机夺取这座工厂。他用花言巧语拉拢古滕堡的助手帕特尔·舍费尔（Pater Schefer），让他同自己的女儿结婚以使自己成为工厂的经营者之一。舍费尔是巴黎大学毕业的技术员，在雕刻和色彩方面有很高的造诣。1455年，福斯特向古滕堡催讨借款，无力偿还的古滕堡在诉讼中失败。这样，古滕堡的包括活字在内的所有印刷设备，以及正在印制中的《42行圣经》全部落入福斯特手中。

后来，福斯特·舍费尔印刷厂印出了大量精美的印刷品，古滕堡亲手设计的《42行圣经》也是在这个工厂中印成的。这本圣经由于每面排有42行，双栏，因此叫《42行圣经》。由于是古滕堡经手的，又叫作《古滕堡圣经》。

古滕堡得到一些善意人们的资助，在美因茨对岸建立了一个新的印刷厂，再度从事印刷工作。他曾受到美因茨大公阿道夫（Adolf）伯爵的器重，但终因负债太多，在孤独中于1468年2月凄凉地去世。他的墓坐落在美因茨市的圣弗朗西斯克教堂里。

1462年，美因茨遭遇战火蹂躏，位于市区的福斯特·舍费尔印刷厂被烧毁。在这个工厂劳动的印刷技工逃亡到欧洲各地，结果使印刷术在全欧洲很快传播开来。德国斯特拉斯堡、纽伦堡、科隆、奥格斯堡等地都建立了印刷工厂，其中纽伦堡成为印刷出版业的中心。接着意大利的印刷业也开始兴起。1470年，尼古劳斯·让松（Nicolaus Jenson，约1420—1480）在威尼斯公国开始经营印刷业。让松是个法国人，是古滕堡的弟子，他发明了罗马字体。1494年，同在威尼斯公国从事印刷业的马努蒂乌斯（Aldus Manutius，1450—1515）则以意大利斜体字的创始者而驰名。巴黎的索尔邦尼大学于1470年开始了印刷工作，后来法国盛行出版小说类书籍。1475年，英国人维廉·卡克斯顿（William Caxton，1422—1491）在荷兰印刷了英文版《金衡制

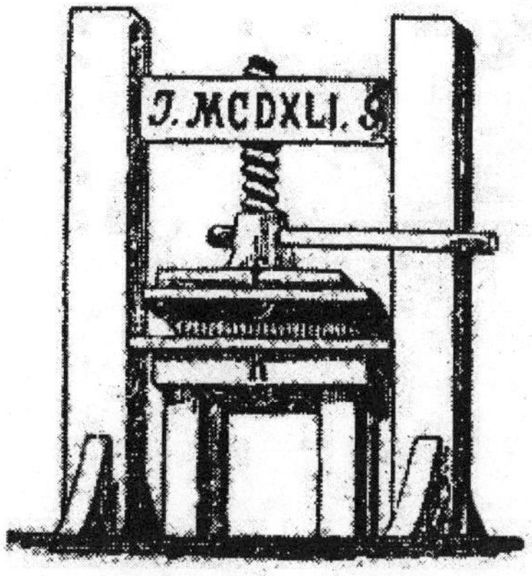

图3-4　最早的印刷机

图3-5　印刷作坊

史》[1]。卡克斯顿在科隆学习印刷术，1476年经荷兰回国，在威斯特敏斯特教堂中开设了卡克斯顿印刷厂，成为英国第一个从事出版印刷工作的人，以“卡克斯顿版”而闻名。

1478年，英国剑桥大学创设了出版局。西班牙和葡萄牙也分别于1474年和1489年先后开设了印刷厂。这样，从15世纪中叶兴起的印刷术，到这个世纪末的50余年内，取得了长足发展，在欧洲各地的250个地方创建了大约1 000个印刷厂。

由于印刷术的普及，大量图书得以发行，这为普及和传播当时刚刚兴起的文艺复兴时代的文学做出了很大贡献，同时也对以往为贵族所垄断的学问走向大众起了很大的作用。1517年开始的马丁·路德（Martin Luther，1483—1546）的宗教改革运动也应用了印刷术。可以说，印刷术敲响了“黑暗的中世纪”的丧钟，成为促进人类精神解放的巨大力量。用活字印刷出版的大量书籍、文献，是广大群众反对无

[1] 金衡制指金、银、宝石的衡量制。

图3-6　百万塔

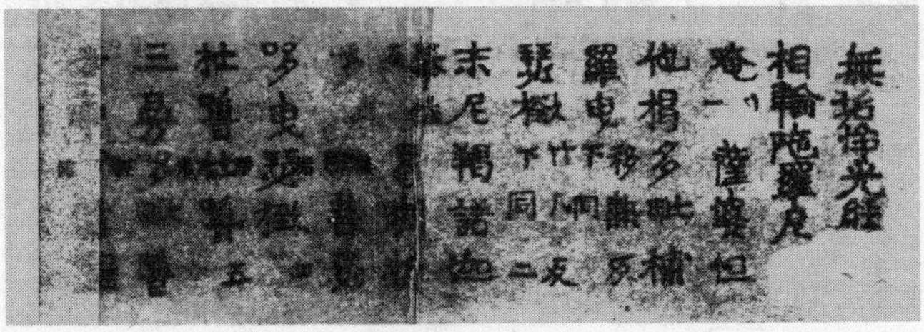

图3-7　《陀罗尼经》（日本）

知、暴政、不合理等社会现象的有力武器，它是文艺复兴时代的重要前奏。[1]

【最古老的印刷物】

天平胜宝8年（756年），日本发生了惠美押胜（706—764）之乱[2]。这场战乱平息以后，孝谦天皇（718—770）为消灾免难建造了存放《陀罗尼经》的小塔。这种小塔的主要材料是丝柏和樱木，相轮则用木犀或桂树制成，通过绞盘牵引。6年间共造了100万个，供献给东大寺、西大寺、法隆寺等寺庙各10万个。这就是所说的“百万塔”，

[1] 中国在6世纪即发明了雕版印刷术，据北宋沈括的《梦溪笔谈》记载，11世纪中叶有个叫毕昇的人发明了泥活字（陶活字）。后来虽有木活字、铜活字的发明，但由于汉字笔画繁琐，加之雕版技术已相当成熟而未得普及。

[2] 惠美押胜原名藤原仲麻吕，系日本宫廷重臣，圣武天皇皇后之侄，圣武退位传位其女孝廉天皇。惠美押胜之乱指日本天平胜宝8年发生的藤原仲麻吕叛乱事件。

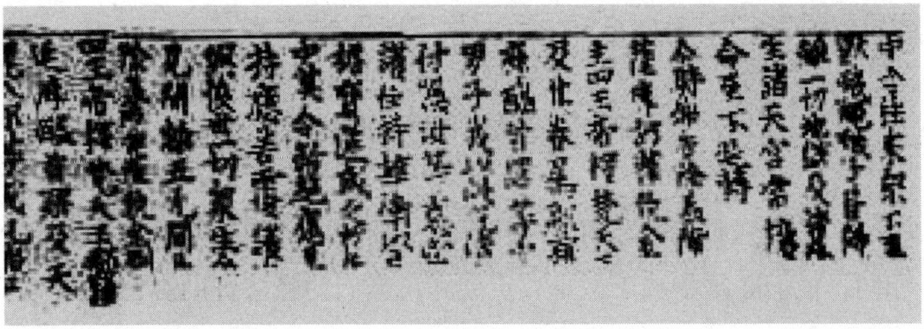

图3-8 《陀罗尼经》（朝鲜）

现在尚存的大约有100个。

收藏在百万塔中的《陀罗尼经》，是在宽6 cm、长17 ~ 50 cm的狭长纸上用木版印刷的。据说这是世界上现存的最古老的印刷品。1966年，在朝鲜庆州的古刹佛国寺内三层石塔的释迦塔中发现了《无垢净光大陀罗尼经》全文，这是一种长达6米的木版印刷品。该释迦塔建于715年，建成后从未维修过，算来这种陀罗尼经印刷品要比日本百万塔内收藏的早20年左右，可以说在朝鲜发现的这种木版印刷品才是世界上最古老的。

日本的《陀罗尼经》只印了咒语部分，是一种版面朝下模印式的印刷品；而朝鲜的《陀罗尼经》则是版面朝上并且印了陀罗尼经全文。

活字印刷是15世纪中叶由德国的古滕堡实现的，据最近考证，这种活字印刷在朝鲜早就有了。1972年在法国巴黎国立图书馆中举办的“书籍历史”展览会上，展出了印有“宣光七年（1377年）七月清州牧外兴德寺铸字印施”字样的《直指心经》。这本经书是19世纪末法国外交官布朗热（Georges Ernest Jean Marie Boulangr，1837—1891）从朝鲜回国时带回的众多书籍中的一本。虽然在一些文献中记载着金属活字最早是在朝鲜高丽王朝时代发明并使用的，但是由于没有见到过实际印刷品而难以确认。这次在巴黎展出的《直指心经》，证实了上述说法的可靠性。

Ⅲ-2 文艺复兴时代的艺术家

文艺复兴时代的艺术家所从事的工作与中世纪的工匠们几乎完全相同，他们必须依赖于教皇、贵族和富豪们的经济资助。也就是说，艺术家们不得不寻找各自的经济靠山，以维持自己的艺术生涯，其他学者也是如此。

在意大利的佛罗伦萨，最大的富豪除美第奇（Medici）家族外，还有斯特罗齐（Strozzi）家族等。他们为了收藏供家庭摆设的艺术品以及制做礼拜堂里使用的装饰品，对技艺高超的艺术家倍加保护。在佛罗伦萨以外，支持者中还有像罗马教皇那样的有力人物。当时，社会处于动荡变革时期，这些艺术家虽然有权贵的支持和庇护，但是支持者随时都有衰败没落的危险，致使艺术家们不得不频繁地改换门庭，因此他们必须有相当的艺术才能，才有可能满足新主人的需要。当时的艺术家也和中世纪的手艺人一样，年轻时要随师傅度过10余年的学徒生涯，掌握技术，积累经验，锻炼应付各种情况的能力。这一段时间对艺术家之后的人生道路是至关重要的。

以前几乎不为人们所直接研究的大自然，到了文艺复兴时代逐渐成为科学探讨的对象。文艺复兴前期建筑家、画家莱昂内·巴蒂斯塔·阿尔贝蒂（Leone Battista Alberti，1404—1472）曾说过：“人只要想干，什么事情都办得到。”他本人就掌握了机械学、天文学、绘画学等方面的知识，既是建筑家、画家、音乐家、诗人，又是数学家、物理学家和法律学家。他著有《绘画论》《家庭论》，是一位对自己的力量和才能绝对自信的“万能天才”，又是一位“普通人的典型”。这种类型的人物在文艺复兴时代层出不穷。列奥纳多·达芬奇（Leonardo da Vinci，1452—1519）就是其中的一个。

文艺复兴时代又是一个能够让人自由发挥才能的时代。意大利各个自由城市国家，为了维护自己的独立和安全、防御外敌入侵，需要构筑坚固的城堡、修建军事要塞并在堑壕里安设使用火药的装置。另外，掌权的统治者也必须取得城市中有势力者即行会头领们的支持以及一般市民的信任。为此他们对加强军备的重要性，对城市建筑物及内部装饰的艺术价值，在思想上都有足够的重视。

随着城市制度的完善和对文化要求的增强，来自城市市民中的掌握一定知识和技术的人开始活跃在各个领域。

那时，人只要有丰富的知识和才能，在任何时候、任何地方都可以得到充分的发挥，而且凭这些才能就能够维持自己的生活。当时的情况是，以自然科学为代表的近代学术刚开始发展，还没有专业化。因此，在学习掌握这些技术才能的过程中，不可能束缚于某一专门领域内，而必须在更广阔的范围里去寻求各方面的知识。

文艺复兴时代的意大利，艺术同时也是一门科学。艺术是从一切事物的丰富知识中产生的，艺术家同样要积极地观察自然，进行实验，掌握技术。正是由于这种强烈的探索精神，艺术才会产生。他们既搞人体解剖，又从事机器和工具的发明、试制。例如，米开朗琪罗（Buonarroti Michelangelo，1475—1564）既是雕刻家和画家，又是军事工程师。

Ⅲ-3　列奥纳多·达芬奇

列奥纳多·达芬奇是一位活跃在文艺复兴时代的艺术家、工程师和科学家。他不仅在绘画、雕刻方面有很深的造诣，同时把探索的目光投向文学、音乐以及医学特别是解剖学、植物学、生理学、物理

图3-9　维纳斯诞生

学、力学、数学、地理学、天文学、气象学、建筑学、土木工程学、水利学、兵器以至化石等一切领域，是一位既善于思索又能付诸行动的“万能天才”。

列奥纳多·达芬奇的生平并不十分清楚。只知道他出生在距意大利佛罗伦萨约20千米的阿尔帕诺山（Albano）西麓一个叫芬奇的小村子里。那里耸立着中世纪的城堡，四周有葡萄园，是一个柳枝繁茂的美丽村庄。

列奥纳多的祖父是办理交易证书和其他文书的公证人，养成了一种把重要事项随时记录下来的职业习惯。祖父对列奥纳多的出生曾做过以下记载：“我的孙子，即我儿子皮耶罗的儿子，生于4月15日星期六夜3时（相当于现在时间的晚上10时30分）。这个孩子起名叫列奥纳多，由皮耶罗·德·巴尔托洛梅奥（Piero di Bartolommeo）司祭主持洗礼。”

列奥纳多在孩提时代跑遍了山野，喜欢捕捉毛虫、蛇、蜥蜴等小动物，照着它们画动物写生。这些图画张张画得都很出色。为此，父亲赛

图3-10　列奥纳多·达芬奇自画像

尔·皮耶罗（Ser Piero da Vinch）带着这些画去拜访从前的好友、佛罗伦萨著名的美术家安得烈·代·韦罗奇奥（Andrea dei Verrochio，1452—1519），请求他接收自己的儿子进他的美术工作室深造。1466年，列奥纳多全家迁往佛罗伦萨，他正式成为韦罗奇奥的弟子。

韦罗奇奥是有名的画家、雕刻家、金银工艺师，同时也擅长音乐、数学。他的美术工作室对颜料的制法、油画工具的改革、铸造方法等各种技术进行了广泛研究，并对绘画中的远近法、明暗法做了反复尝试。在这间画室里曾出现过以《维纳斯的诞生》一画而闻名的画家波提切利（Alessandro Filipepi Sandro Botticelli，1445—1510）。

列奥纳多在佛罗伦萨学画的时期，正值美第奇家族的鼎盛时代。当时的佛罗伦萨已经成为新艺术活动的温床，因此人们把这一时期的艺术活动者统称为佛罗伦萨派，其特点是所谓“什么都能干的万能人”，意指其成员既是雕刻家、建筑家，又可能是画家、诗人、科学家。在这样一个良好的环境里，师从于韦罗奇奥的列奥纳多很快就崭露锋芒，成为年轻的佛罗伦萨派中出类拔萃的人物。

列奥纳多20岁时，即1472年，加入了佛罗伦萨的圣卢卡（San Luca）画家协会，从此结束了学徒生活。以后直到1478年止，他始终在韦罗奇奥工作室担任导师的助手。

在这一时期，他曾画过一幅家乡芬奇村附近的阿尔帕诺溪谷写生画，画稿左上角注有“于1473年8月5日大雪中的圣母玛利亚之日”的

字样。这幅画以最早写有作画日期而成为列奥纳多作品中的珍品。

在导师韦罗奇奥的传世珍品《基督的洗礼》中，画面左侧有两个天使，其中靠左端的一个天使据说是出自列奥纳多的手笔。天使美丽浓密的长发以及衣服的皱褶等，都明显地反映出了列奥纳多的绘画特征。

现存法国卢夫尔（Louvres）美术馆的《受孕福音》，据说也是列奥纳多在韦罗奇奥美术工作室时期的作品。画中描绘的天使的翅膀以及用等边三角形的等边构图而成天使和圣母像，都表现了列奥纳多关于“调合和统一”这一自然科学原理的现实主义手法。

1481年3月，列奥纳多接受绘制圣多纳·阿·斯科佩特修道院的主祭坛的祭坛画，即《东方三博士的礼拜》，契约规定30个月内完成，但是他没有画完就于1482年末去了米兰。一般把这以前的时期叫做列奥纳多的“第一佛罗伦萨时代”。因此，这幅《东方三博士的礼拜》应该是第一佛罗伦萨时代结束时的作品。画虽然没有完成，但也足可以看出其构图是动态结构的，而且极为巧妙地运用了具有列奥纳多特征的明暗法和远近法。图中圣母居高临下，三博士构成了等边三角形，逼真地表现出当奇迹出现在眼前时人们惊奇和敬畏的神态。

想要了解列奥纳多的生活和思想，唯一的线索就是他的《手记》。这本《手记》30年间从未间断过，内容涉及人生论、文学论、绘画论、科学论、技术论等极为广泛的领域。由《手记》中可以得知，早在韦罗奇奥工作室从事绘画研究的时期，列奥纳多就开始研究自然科学了。《手记》中还记述了他得到佛罗伦萨著名数学家和自然科学家的指导以及学习远近法和解剖学的情况。

《手记》中也有他研究机械和武器方面的记载。关于攻城用的梯子，他写道：“木制的梯子必须嵌在墙壁中，以使敌人无法用斧子劈到它”，并附有草图。此外还有关于要塞大门的结构、大炮的设计、熔铁炉、铸造方法、水泵等的草图及说明。后来在米兰时代，他对这些内容又进行了深入的研究，使之更臻完善而严密。

【米兰时代】

意大利最繁华的工商业城市米兰，在文化上也是高度发达的。1482年列奥纳多30岁时，被当时的米兰大公卢多维克·斯福尔扎（Lodovico Sforza，1451—1508），俗称伊尔·莫洛（Il Molo）召到米兰演奏竖琴。列奥纳多有着自己的打算，他想借此行发挥自己的技术才能。他给伊尔·莫洛写过一份自荐书（见本节最后），字里行间充分表达了他当时的心情和愿望。

列奥纳多在几次战乱中都以军事工程师的身份出现。在1483年爆发的历时1年的米兰、罗马教皇、那不勒斯联合对威尼斯的战争以及1487年米兰合并利古里亚（Liguria）的战争中，他对武器、要塞设防工具以及大炮的制造技术等都进行过研究和设计，并留有草图。

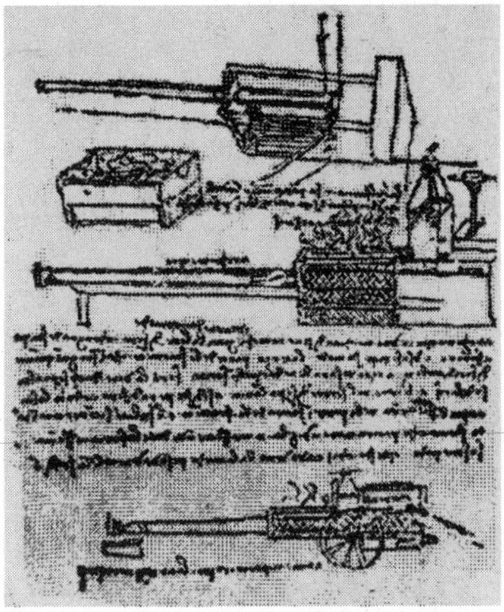

图3-11　蒸汽炮

但是，列奥纳多认为“战争是最野蛮的愚蠢举动”，他在《手记》中写道：“我不公开我所设想的在水中停留的方法以及长时间不吃食物也能活下去的办法，因为我担心有人会用这些办法在海底杀人，我讨厌人类的这些恶行。”

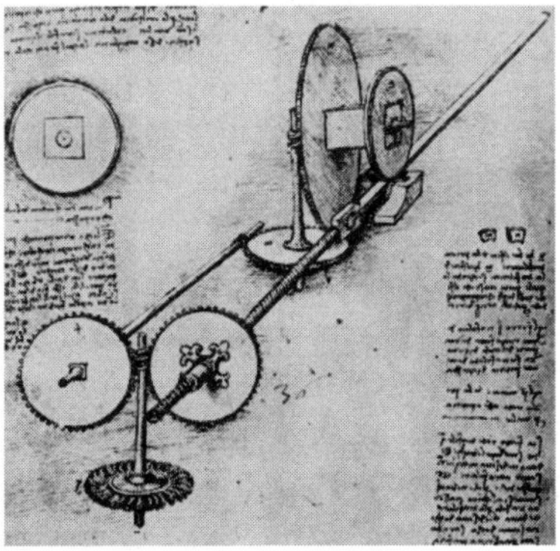

图3-12　轧板机

战争中使用的大炮由于技术还不过关，常常会发生火药堵塞炮身的故障。列奥纳多对火药有如下记载：“……往混合有柳炭、硝石、硫酸、硫磺、乳香、樟脑的土沥青中，加入埃塞俄比亚羊毛，一同煮干，这种东西非常易燃，把它装进玻璃瓶内，用土沥青封口，再投以燃烧着的弹丸，什么样的船只都会被烧毁。”

列奥纳多曾经对利用蒸汽的蒸汽炮进行过试验。他在炮身下面安装一个大箱子，预先用炭火在底部加热，当置于其上方的水箱中的水流入被加热的箱子里时，水立刻变成蒸汽并发出巨大的声响，与此同时可以把炮弹发射出去，射程可达180米。

制造大炮的历史，要比列奥纳多所处的时代早100年左右。那时，炮身是用薄铁板卷成圆筒锻接起来的，显然靠这种办法不可能制造出更大的炮身。于是有人设想采用铸造方法来制造炮身，并自列奥纳多时代起经过不断试验终于付诸实现。但是由于当时还没有出现加工弹膛的镗制加工技术，因此铸造出的大型炮身是很难充分承受火药的巨大爆发力的。

列奥纳多设计了一种结实而且容易让炮弹通过的大型炮身，其方法是把角状金属棒捆扎成圆筒形，外面镶上加热的铁箍，待铁箍冷却收缩后，便与角棒牢固地结合在一起，从而可以制成坚固的炮身。为了制造这种角棒料，列奥纳多设计了一种世界上最早的轧钢机。他设计的这种轧钢机用改良型水车驱动。他设想通过水车旋转带动两个齿轮转动，一边的齿轮轴穿过连结金属棒的丝杠，齿轮的旋转使丝杠产生移动而牵拉待锻棒料，另一边的齿轮轴与齿轮一同旋转，在这个齿轮的另外一端，由两个齿轮带动轧板圆盘旋转，从而使与丝杠连接的金属棒顺次受到压延而制成角棒。此外，他还设计了“平板轧板机”用来轧制薄而均匀的锡板，这种锡板可以用来制作风琴的风管和铺装建筑物的屋顶。

【重返佛罗伦萨】

米兰近郊有一座圣玛利亚·德尔烈·格雷茨埃修道院，卢多维克在这里会见外国使者已经成了惯例。1492年，卢多维克下令改建这

图3-13　最后的晚餐

座修道院的餐厅，由列奥纳多绘制餐厅正面墙壁上的壁画《最后的晚餐》。据推算，列奥纳多是从1495年开始创作这幅壁画的。

这幅大型油画长9米，高4米，大约完成于1498年，无论是色彩还是构图都称得上是一幅划时代的杰作。这幅名画后来曾受到过损伤，于1726至1770年间做过修补。1796年法国军队侵入米兰，这座餐厅曾作为马厩使用。后来，在第二次世界大战中又遭到轰炸，幸运的是该画免于罹难，但是由于长时间埋在地下，已失去了当初的风采。

1499年，列奥纳多离开米兰前往威尼斯，在那里做了短暂停留后回到了阔别18年的故乡佛罗伦萨，开始了油画《圣安娜》的创作。就在这幅油画接近完成的时候，他毅然放弃了多年的爱好——油画创作，而埋头于科学研究之中。这一时期他主要研究几何学。

1502年，列奥纳多应意大利贵族、罗马尼亚征服者切萨雷·博尔贾（Cesare Borgia，1475—1507）邀请去罗马尼亚各地漫游，沿途横经中部意大利，并且有大约半年的时间在博尔贾手下从事军事和土木工程研究，进行构筑要塞、绘制军事地图、制定城市规划、开凿运河等各种工作。

图3-14 蒙娜丽莎

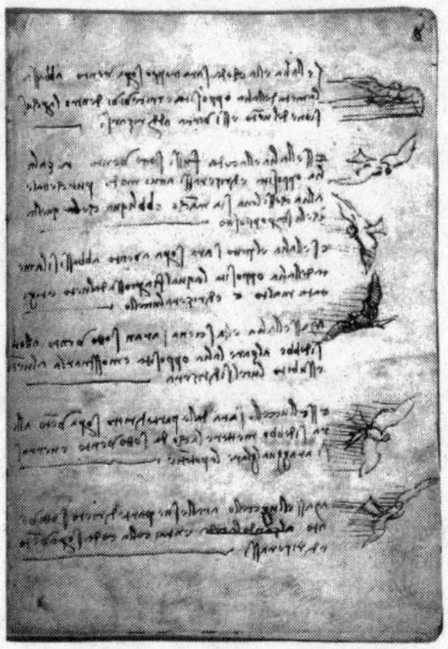

图3-15 鸟的飞翔

不久，列奥纳多返回佛罗伦萨。当时佛罗伦萨与比萨间爆发了战争，他负责阿尔诺河（Arno）的运河工程设计，通过这项工程以求改变阿尔诺河的水路。1503年7月，列奥纳多着手现场勘查，他研究了与工程有关的水力学基础理论，提出了抽水机、闸门、疏浚机、水压机等的设计方案。

他在现场勘查和工程进行中研究了地质学，同时又对化石和天文学进行了研究。他在《手记》中写道："太阳是不动的"，"地球是一颗行星"。

运河工程开工以后，即从1504年起，他用一年多时间创作了油画《蒙娜丽莎》[1]，这不仅是他的代表作，也是西洋绘画史上的最高杰作之一。

【鸟的飞翔】

列奥纳多自米兰时代即从1492年起，就集中了很大精力研究能在空中飞行的机器。他认真地观察了在空中飞行的鸟，搞清了鸟的翅膀是如何运动的，以及转弯时翅膀是如何变化的、向地面降落时翅膀和鸟爪又是如何动作的等等，并详细绘制了草图。

据说列奥纳多有时站在山丘上，有时连续几个小时奔走在广阔的

[1] 佛罗伦萨贵族弗兰彻斯科·吉奥康多（Francesco del Giocondo）的妻子蒙娜丽莎（Mona Lisa）的肖像。

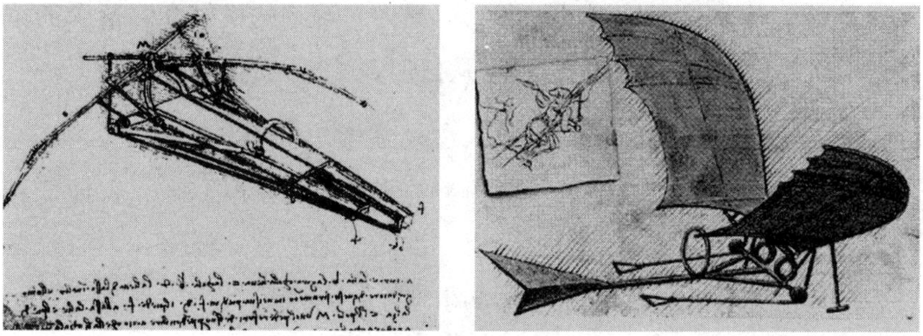

图3-16　飞机的构思

原野中，有时伫立于自己家中的窗前，审视空中飞鸟的影子。他绘制了许多有关鸟类飞翔的草图，不久便开始设计载人的飞行机器。

【飞机的构思】

为了使人能够像鸟那样在空中自由飞翔，需要制造什么样的装置呢？列奥纳多对这个问题做了反复思考，并画了大量空中飞行装置的草图。在这些草图旁边写有详细的说明，记述了他对人类如何在空中飞行的若干设想，其要点如下：

“人类靠某种物体对空气施以力的作用，空气对该物体也会作用以同样大小的力。由此可知，振动着的翼对空气的作用使沉重的鹫得以在空中支撑住自己的身体并飞升到高处。这样，我们就可以组装硕大的翼，靠它对空气施以力的作用来克服空气的阻力，从而征服空气，使人飞起来。

一个体重为200磅的人站在天平上，当他把肩抵在横梁上向下用力，他对天平的压力可以达到400磅以上，如果他把压力施于空气上，就相当于以600磅以上的力量压在空气上。

这张草图中画的是可以乘一个人或两个人的飞行装置，其中一个人想休息时，可以由另一个人操纵，想要停止杠杆的作用时，只要把脚抬起来就行了。”

除此之外，他还绘制了靠翼的运动举起重物的机械和降落伞的草图，他认为用这种降落伞可以保证从任何高度毫无危险地降下来。

【飞机的设计】

列奥纳多自少年时代起就对鸟类的飞翔怀有浓厚兴趣，曾憧憬有一天自己能像鸟一样在天空中翱翔。当然，他的这一愿望在当时只是幻想，真正得以实现则是400年后的事情。

列奥纳多在《论鸟的飞行》一文中，详细描述了鸟是如何靠扇动翅膀飞上天空、又是如何不用扇动翅膀而乘风在空中滑翔的，同时他还对鸟、蝙蝠以及昆虫等的飞翔原理做了一般性论述，最后提出了能在空中飞翔的运动机理问题。继而他从研究鸟的飞翔入手，最终发展到了探讨飞机原理的阶段。

“鸟是按照数学法则运动的机器，人类可以制造出具备鸟类运动所需一切条件的机器来。但是人类制作出来的这种机器，由于不能很好地保持平衡，故不可能具有像鸟那样的良好飞行性能。然而可以说，人组装的这种机器，除了没有像鸟那样的生命外，一切都是完备的。这个生命必须由人来替补。潜在于鸟体内的生命与其肌体是极为协调统一的，这一点无疑是要胜过脱离飞机“肌体”的人的生命的，特别是在微妙的平衡作用上更是如此。不过，人们只要掌握鸟类所具有的适应各种运动差异的能力，就可以做出如下判断，即靠人的本能可以理解最根本性的变化，而且在这种飞机身上，人可以获得机械生命……”

列奥纳多还反复研究了翼的运动规律以及人在操纵时手脚如何动作等问题，认为应用曲柄机构较为理想。

关于飞机的稳定性问题，他指出：“人在飞行时，如同在小船中一样，为了保持平衡，腰部以上必须能够自由活动，这样人与机器的重心就会随着其阻力中心的变化而变化。”

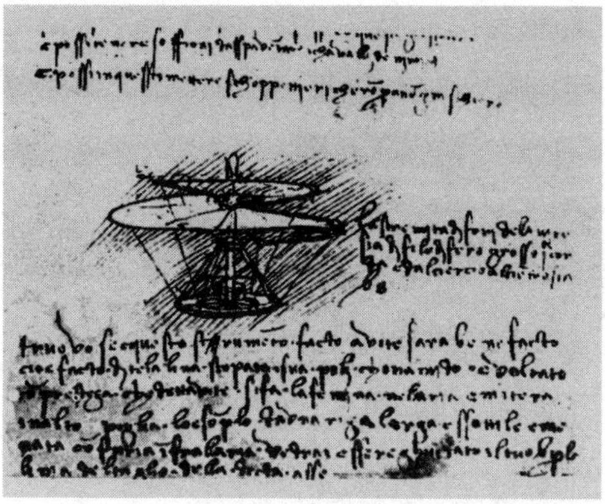

图3-17 螺旋桨

【螺旋桨的设计】

从鸟的飞翔联想到飞机的列奥纳多，设计出了推动飞机运动的机构——螺旋桨。就此他写道：“我把这个装置用涂过淀粉的亚麻布做成螺旋形，如果使它快速旋转，估计会飞得很高。”

从螺旋桨草图上虽然看不出该怎样使它旋转，但从设计来看称得上是今日螺旋桨的原型，它反映出列奥纳多优秀的设计才能。

【动荡的晚年】

1500年至1506年，重返佛罗伦萨的列奥纳多曾活跃在艺术、科学、技术等多个领域。后来，他的个人生活方面出现了很多麻烦，还发生了与异母弟弟间的诉讼事件。

1506年6月，列奥纳多应占领米兰的法国总督的邀请再度前往米兰。

列奥纳多的第二次米兰时期一直持续到1514年。在这里他可以不再履行与佛罗伦萨政府间的协议，又摆脱了与异母兄弟间的纠缠。这一时期他没有从事艺术创作，而是热衷于流体力学和解剖学等科学研

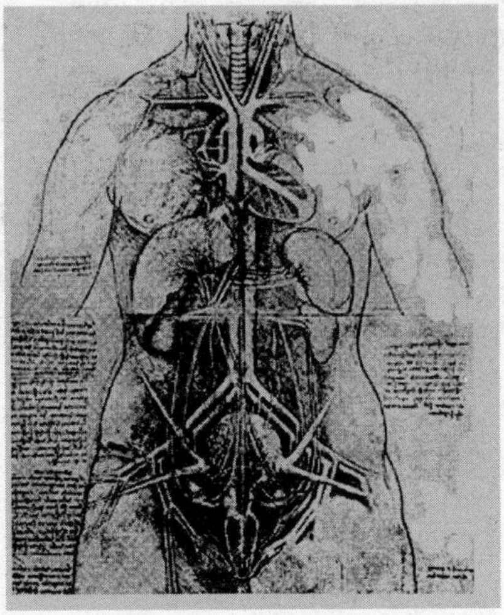

图3-18　人体解剖图

究工作。早在韦罗奇奥美术工作室期间，他就对解剖学产生了浓厚兴趣，在第二米兰时期，他留下了许多关于这方面的草图。

1503年春，他在佛罗伦萨创作《蒙娜丽莎》时，就曾经研究过解剖学，在圣玛利亚·纽瓦医院（Hospital Santa Maria Nuova）里解剖过老人尸体，对血管、肝脏、神经等做了详细的记录。

在第二米兰时期，列奥纳多在解剖学教授马坎托尼奥·德拉·托尔（Doctor Marcantonio Della Torre，1481—1511）的指导下，对骨骼与肌肉、胸腔与腹腔、心脏、血流等进行了研究。

从1511年到1512年，米兰社会动荡不安，频繁的政变使他无法在米兰继续居住下去，遂于1513年9月24日经佛罗伦萨前往罗马。当时罗马艺术家的保护人（Patron）是教皇利奥十世（Papa Leo X，全名Giovanni di Lorenzo de Medici，1475—1521）的胞弟朱利奥·德·美第其（Giulio de Medici，1478—1534）。

当时的罗马是文艺复兴时代的美术中心，米开朗琪罗、拉斐尔（Raffaello Sanzio，1483—1520）等著名艺术家都集聚在那里。可是，列奥纳多在罗马逗留的3年时间里，并未做任何与艺术有关的工作。1516年6月，保护人朱利奥去世后，他于同年秋翻越阿尔卑斯山经日内瓦前往法国。

1519年4月23日，列奥纳多立下遗嘱。遗嘱中写道："安波瓦斯郊外里尔城的王室画家列奥纳多·达芬奇就要去世了，考虑到去世的日期尚不能确定，故立此遗嘱以表明最后的意志。"

数日后，即1519年5月2日，列奥纳多·达芬奇去世，终年67岁。

【机床】

机床是切削工件的必要设备。列奥纳多曾经广泛研究过各种加工机械，当时，脚踏车床还几乎不为人们所知，而在列奥纳多的草图里却画有使用脚踏式曲轴把直线运动变为圆周运动从而带动工件旋转的机械。他为这种机械安装了一个很大的惰性飞轮，以便获得满意的旋转效果。这张草图上注有"旋工用小型车床"的字样。

当时的输水管几乎全都是木制的，因此在长木杆上钻深孔是一项很重要的加工技术。加工木制水管，钻床是必不可少的设备。列奥纳多设计的这种钻床在坚固的床身上安装着带钻头的轴，待钻孔的圆木则用卡盘夹紧。这种卡盘由八角形的中空厚壁圆筒做成，四周穿有四个紧固螺

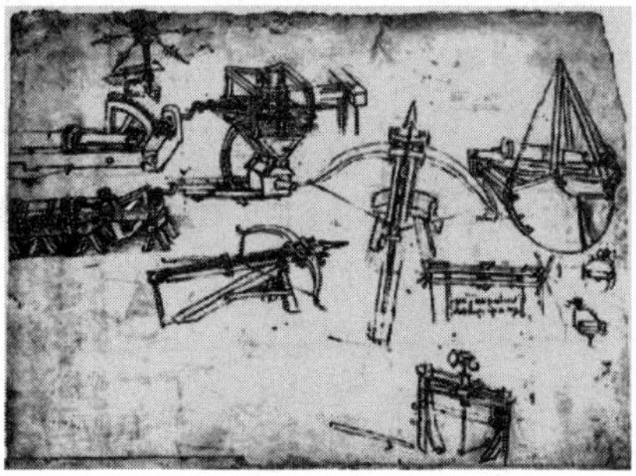

图3-19 弩

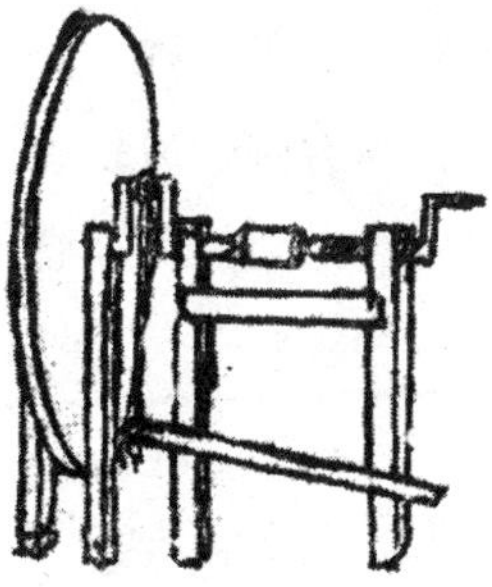

图3-20 车床

图3-21　螺丝切削机

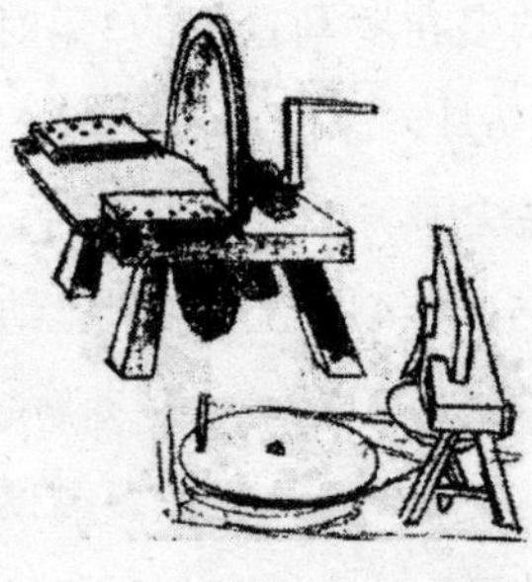

图3-22　研磨机

栓。圆木插入卡盘中后，可用紧固螺栓找正从而进行加工。从力学原理上来看，这种钻床比100年后加工水管用的钻床要完备得多。

锯床是一种高效率的木工机械，它可以按所需要的尺寸加工木材。列奥纳多研究设计的锯床是手动的，利用曲轴带动锯条做往复运动。为了使锯条移动平稳，他在机器上也安装了一个很大的惰性飞轮。

在紧固器件中普遍使用螺旋大约始于17世纪，之所以这样晚，是因为之前小型金属螺旋尚未能被快速廉价地加工出来。

列奥纳多花费了大量心血寻求解决加工螺旋的方法，他发明了今天仍在广泛使用的丝锥和板牙，还设计了用铸造方法来加工黄铜和青铜螺旋。他极其巧妙地设计出一种螺纹切削机器，在这种机器的两侧安装有两根丝杠，丝杠上安装有刀架。把加工螺旋用的棒材安放在中央，当右侧的齿轮旋转时带动丝杠旋转，安装车刀的刀架也就随之移动，靠刀架的移动就可以切制出新的螺纹，于是中央棒的右侧就是加工成的螺旋了。此外，通过更换右侧的齿轮还可以改变加工螺纹的螺距。

为了加工光学玻璃以及其他方面的需要，列奥纳多还设计了磨床。现在使用的圆形平板砂轮旋转磨床和研磨中空圆筒用的内圆磨床，可以说就是采用了这一卓越的设计思想。

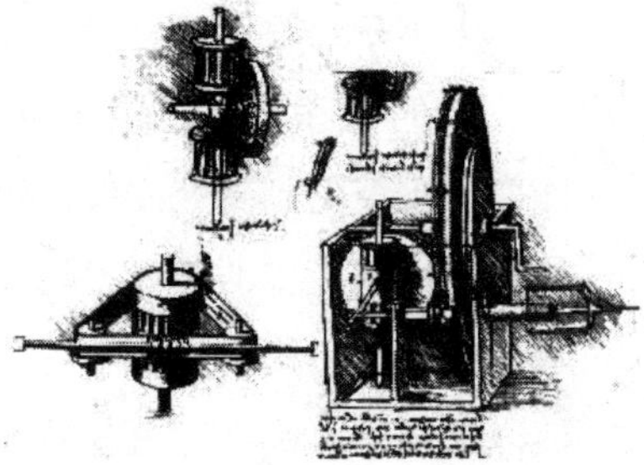

图3-23　纺织机

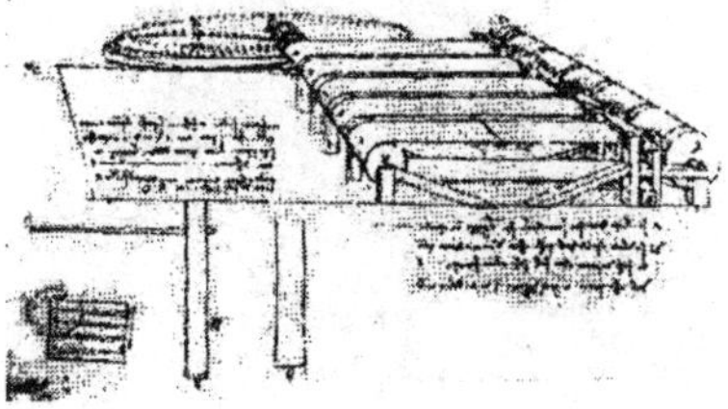

图3-24　梳毛机

【纺织机械】

自古以来人们对织布机和纺纱机就做过种种设计和改革，但是归根结底都是手工操作，技艺方法复杂，全凭人的经验和技巧。列奥纳多留下了不少有关纺纱机和织布机的设计草图。

他设计了把三股纱绞合成一股的机器，还设计出把多股纱合为一股的机器，其中特别引人注目的是一种捻纱绕线机。这种机器是由多个齿轮和滑轮极为巧妙地结合而成的，其中的绕纱装置原理与现代纺织机械几乎相同。这种机械传动装置在后来的纺织工业大发展的产业革命时代得到普遍应用，成为推进产业革命的动力之一。

列奥纳多还设计了织布机、起毛机、剃毛机等多种纺织机械，并分别画有设计草图。其中有一幅是用一台水车同时带动四台剃毛机的设计方案，剃毛机的工作原理是利用齿轮把水车轴的旋转运动传到工作台上，驱动长剪刀动作。

1758年，英国曾在纺织厂中使用过类似列奥纳多剃毛机的机械，不过由于担心自己会因此而失业的工人举行了暴动，致使这种机械在当时没有广泛使用。列奥纳多的设计是极为超前的，甚至在他去世200多年以后，也未达到接受他这一设计思想的时期。

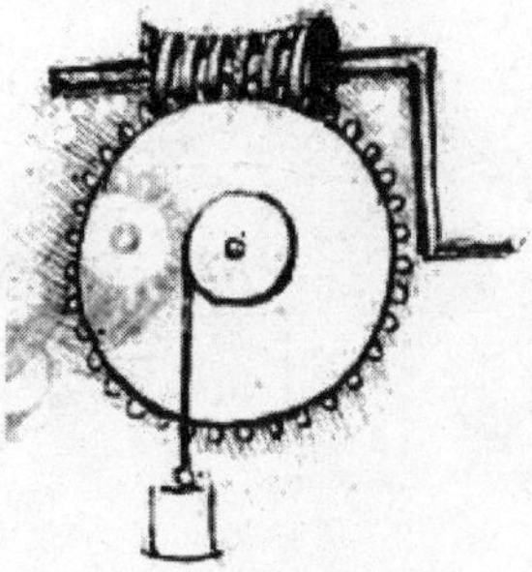

图3-25　蜗轮提升机

图3-26　水车

【水泵、水车】

人们从很久以前就在设计把河水汲引到高处或者把深井中的水汲上来的装置，阿基米德螺旋抽水机就是其中的一种，列奥纳多则设计出各种有实用可能的抽水机械。

他设想用大型水车把运河的水汲上来，引到农田中去。他还设计了深井汲水用的链式水泵，这是一种在链子上按一定间隔安装铁皮水桶的装置。由于链子的回转，这些水桶就把井底的水提取上来，当上升到顶端再下降时，汲上来的水就被引流出来。

列奥纳多还画了许多应用水车原理的船只设计图。在船两侧安装水车形状的桨轮，桨轮轴连在船的中央处，用脚踏动曲轴使桨轮轴转动，桨轮轴带动桨轮旋转而使船只前进。为使桨轮能更容易地旋转，他还特意在轴上安装了一个大惯性轮。

【动力车的发明】

自古以来人们就对搬运物品用的机械提出过各种设想，列奥纳多则按不同使用目的设计了各种不同形式的搬运机械，并在运动的传递方面采用了齿轮。齿轮是一种极为重要的机械零件，几乎所有的机械都离不开它。列奥纳多为了使齿轮得到更为广泛的应用，对其形状及组合方式做了反复研究，设计出各种规格、大小不同的齿轮，并用这些齿轮组合成独特的齿轮装置。此外，他还绘制了蜗轮、斜齿轮、非圆形齿轮等各种齿轮的设计草图。

最先设计出能自动运行的车的人，可以说也是列奥纳多。他曾提出在木制的车上安装上紧的发条作为车行驶的动力的方法。当时使用的车辆都是用牛或马牵引的，而列奥纳多已经想到了靠机械开动的车。不过他设计的这种车是否真的能造出来，又是否真的能开动，后人并不清楚。

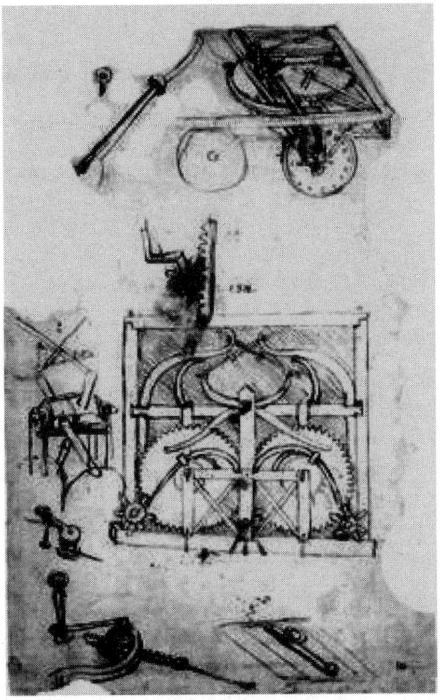

图3-27　动力车

列奥纳多的自荐书

大公殿下：

我愿意把我所掌握的各种秘诀，按殿下的意旨为殿下实际表演，请殿下亲自过目。

下面我把我所能做的事情简单陈述一下，如果您还有其他要求，我还可以做除此之外的各种事情。

1. 我掌握建造十分轻便而又坚固的桥梁的方法。这种桥梁便于搬运，无论是追击敌人或是在退却的情况下都能使用。我还知道另一类修建桥梁的方法，这类桥梁在敌人的炮火下可以保证安全，而且不易被破坏，拆卸和架设都很容易、很方便。此外，我还掌握用火攻破坏敌方桥梁的办法。

2. 我熟知在围攻某一地区时如何抽除壕水，以及制造各种形式的桥梁、步行道、梯子以及所需要的各种器具、机械的方法。

3. 我掌握在包围攻击中当我方炮击失去作用时，对敌方构筑在岩石基础以外的无论多么坚固的城堡和城墙的破坏方法。

4. 我会制造搬运方便、操作简单、能发射霰弹的臼炮。这种炮发射时产生的烟雾可以惊吓敌人、引起混乱，从而使敌人遭受巨大损伤。

5. 当军队必须从城防壕或护城河下面通过时，我能开凿通往目标的弯曲的秘密通道，而且在挖掘中不会发出任何声响。

6. 我还会制造极其坚固、不易被破坏的有盖战车，若在它的上面安装大炮冲入敌阵，那么任何大军都将被击溃。

7. 我可以制造在必要情况下使用的、非同一般的臼炮、大炮和野炮。

8. 在臼炮不能发挥攻击作用的情况下，我能装设与火炮、投石机、射石机及其他与普通武器截然不同的、具有惊人效果的特种机械。总而言之，可以根据不同情况制造各种形式的进攻武器。

9. 当战事在海上进行时，我可以制造进攻或防御用的十分有效的各种机械。这些机械能抵抗强烈的炮击，使船舶对火药和烟幕丝毫不感到威胁。

10. 在和平条件下，对于建造公用或私用建筑物，以及从一个地方向另一个地方引水之类的工作，我具有优于任何人的充分的自信心。

我还会用大理石、青铜、黏土制作雕像，在绘画方面也具备超越他人的技艺。

以上事项，您如果认为有不可实现的内容，我请求允许我用实验来回答。我以极其谦恭的心情把自己推荐给殿下。

这份自荐书，不是用列奥纳多特有的从右向左书写的“镜书文字”来写的，而是采用一般的从左向右的写法，而且没有收信地址，也没有收件人姓名和自己的署名，因此有人怀疑不是列奥纳多亲笔所写。不过，文章本身出自列奥纳多之意大概是不会错的。

Ⅲ-4　阿格里柯拉的《矿山学》

经过文艺复兴时代，人们的生活水平逐渐提高了，许多工匠根据经验以及人类敏锐的直觉，凭借试错法从事日常必需品的生产。进入16世纪以后，各种机械、建筑类的书籍陆续出版发行，其中主要有贝松（Jaques Besson，？—1569）的《机械舞台》、明斯特（Sebastian Münster，1489—1552）的《宇宙志》、拉梅利（Agostino Ramelli，1530—1590）的《各种精巧的机械装置》、布兰卡（Giovanni Branca，1571—1645）的《机械》、阿格里柯拉（Georgius Agricola，1494—1555）的《矿山学》等。这些技术书籍至今仍被完整地保存着，我们可以从中了解当时的技术发展状况。

图3-28　阿格里柯拉

阿格里柯拉，1494年出生于萨克森州的格劳豪（Glauchau）。文艺复兴时期他在意大利和德国研究矿物学与地质学，著有《矿山学》（*De re metallica*）一书。这本书对探矿、采矿、选矿、矿石冶炼等技术做了详细论述，几乎记载了有关金属处理的所有技术，对各种矿山机械也做了说明。

阿格里柯拉堪称近代技术的先驱人物。德国慕尼黑的德意志博物馆里，修建有他的纪念雕像，碑文上写着："优秀的自然科学家兼医师乔治·阿格里柯拉是完成德国各项技术的伟大人物，是中世纪采矿和冶金术的卓越研究者，也是这些技术的杰出传播者。"

阿格里柯拉幼年和少年时代的情况很少为人所知。20岁时，他已经具备了相当丰富的拉丁语和希腊语知识，1518年担任了茨维考（Zwickau）市立学校副校长，讲授希腊语。在这里，他与著名的语言学家、莱比锡大学教授莫泽拉内斯相交甚厚。4年后阿格里柯拉前去莱比锡，他的兴趣转向了自然科学，开始研究医学和化学。1524年，莫泽拉内斯去世后，他前往充满科学气氛的意大利，在威尼斯度过了2年。在那里，他访问了帕多瓦等大学，会见了很多学者，学习了医学、化学和语言学。

从意大利归国的途中，他曾在波希米亚的厄尔士（Erzgebirge）山脚下的矿山城约希姆斯塔尔（Joachimsthal）逗留了一段时间，该地区有丰富的银矿矿藏。阿格里柯拉的科学兴趣逐渐转向矿山方面，开始热衷于研究矿物学和岩石学。他一边与矿山上有经验的人交谈，同时又亲自去进行实际观察，并阅读了大量矿山学方面的经典资料，终于在1528年写成了第一部有关矿山学的著作《锑，或是关于矿业的对话》。

阿格里柯拉的经典遗著《矿山学》的确切写作时间虽然考据不足，但是他在1529年以前已准备了相当丰富的素材这一点是证据确凿的。对此他本人曾做过如下说明：

“几年前，我用了数年的时间在意大利学习了哲学和医学，返回祖国德意志的时候，最关心的是去欧洲最丰富的银矿产区波希米亚的厄尔士山脉。到了那里之后，我想了解矿山的欲望勃发起来，于是便在约希姆斯塔尔住了下来。”当时缺少足够的矿山学方面的书籍，因此“我便拿起笔来写下有关地下的各种研究对象，亲自访问矿山和采金场，随时记录下研究结果”。“《矿山学》对有关探矿、采矿、选矿乃至矿石冶炼的各种方法，和一般处理金属与盐类的整套技术以及对矿山机械及其他诸多问题都做了说明。”

《矿山学》一书，对有关矿山知识做了详细说明并配有多幅精美

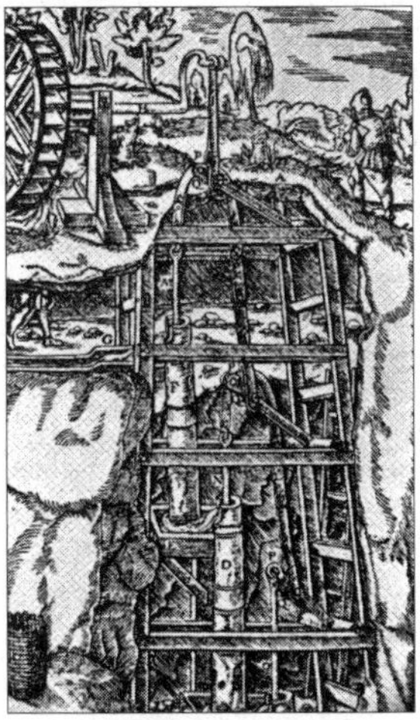

图3-29　水车驱动的水泵

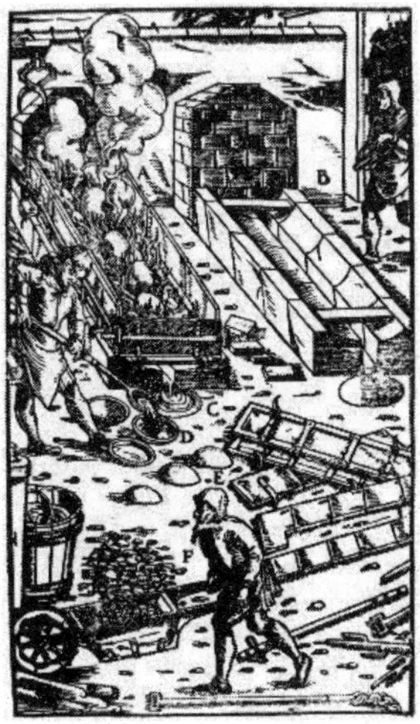

图3-30　金属加工

图3-31　利用水车的粉碎机

图3-32　风车

的插图，由这些插图可以进一步了解16世纪欧洲技术的大致状况。当时，矿山排水是一项很重要的工作，排水作业除了使用畜力外，还大量地使用水车。在水车的叶轮上吊挂着很多水桶，靠这些水桶把地下水提取上来，这种方法比起人力或畜力来效率要高得多。此外，也使用水泵，只是有时因水位距地面八九米深，靠一台水泵是抽不上水来的，而需要设法把几台水泵适当地组合在一起，才能把深井中的水汲上来。驱动水泵的动力仍是水车。

粉碎矿石也使用水车作为动力。通过水车轴上安装的突起物把捣杆抬起来，当捣杆下落时就会把矿石击碎。粉碎后的矿石被投入熔炉中加热熔化炼成金属，然后用锤子锻造加工制成各种工具和日常使用的锅罐等炊具。当时除普遍使用水车外，有时也利用风车作为动力。为了传递水车或风车的旋转动力，工匠们设计并使用了各种形状的齿轮。

1530年后，住在开姆尼茨（Chemnitz）的阿格里柯拉把他的研究成果相继总结了出来。1546年他被接纳为开姆尼茨市的公民，并被任命为市长，从此陷入了外交及内政事务圈子里而过着忙碌的生活。1555年11月间，他因在一次宗教问题的激烈争论中中风而去世。信奉新教的开姆尼茨市政府拒绝为不是新教徒的天主教徒阿格里柯拉举行葬礼，而且不准他安葬在市区内的墓地中。他去世6天后，生前好友们从11千米以外的图伊茨请来了普尔格主教，才用天主教仪式为他举行了隆重的葬礼。

当时，社会上对技术的评价一般说来是很低的，正如阿格里柯拉所说:“多数人认为矿山工作是荒唐的，是卑贱肮脏辛苦的差事。矿山无需什么科学技术，就连体力劳动也不是那么必要的。”为此，他极力主张从事矿山工作必须精通科学，并且强调掌握哲学、医学、天文学、度量学、计算术和法律学等知识的重要性。

Ⅳ. 技术与科学
——先驱者们

进入15、16世纪后，人们的生产活动愈发兴盛。以天文学为开端，为海洋探险所必需的造船技术有了很大的进步，与此同时，人们开始研制天文观测仪器、航海仪器，各类专业技术人才不断地涌现出来。以往的技术活动主要是凭借经验与娴熟的技艺进行的，但是从这时起逐渐增加了科学的因素，即通过观察自然现象发现其规律，并应用这些规律来制造器物，使之为人类的实际生活服务。

伽利略（Galileo Galilei，1564—1642）、开普勒（Johannes Kepler，1571—1630）、波义耳（Robert Boyle，1627—1691）、惠更斯（Christiaan Huygens，1629—1695）、帕斯卡（Blaise Pascal，1623—1662）、胡克（Robert Hooke，1635—1703）、牛顿（Isaac Newton，1642—1727）等伟大的科学家相继出现，他们在科学研究领域建立了不可磨灭的功绩。

他们的研究成果，对后来的科学发展所起的作用自不待言，即便是对技术也产生了深远的影响。17世纪是一个天才辈出的世纪，可以说，哲学、物理学、基础工程学都是在这个时代形成的。

工匠们原来只是根据实际需要，使用工具和机械从事经验性劳动，生产必要的产品。进入16、17世纪后，通过观察自然现象发现其规律性的科学研究工作逐步发展起来。工业技术已经不再是单凭经验，而是逐渐建立在数学和物理学等科学基础之上。例如，列奥纳多·达芬奇就曾经对观察到的自然现象进行过力学分析。从伽利略、惠更斯、牛顿等人的工作情况可以看出，科学研究与技术活动已经密切相关。抽水泵的广泛应用，促使帕斯卡和托里拆利（Evangelista

Torricelli，1608—1647）研究真空现象，其技术成果又导致了纽可门（Thomas Newcomen，1663—1729）的大气压蒸汽机的出现。

伽利略发现了单摆的等时性，而惠更斯则注意到单摆在振幅大的情况下不是完全等时的，只是在振幅很小时才能保持等时性，并认识到其中包含的极小误差可以忽略不计。在反映惠更斯出色研究成果的《时钟》一书中，对小振幅的单摆时钟做了详细记载。惠更斯通过数学方法发现：单摆沿摆线弧运动时，其振动周期与振幅无关，具有保持恒常的等时性（1658年）。

同一时期，航海事业也愈来愈兴旺。在海上，为了确定船只位置，也就是为了决定经度，必须准确地测定时间，因此需要有准确指示时刻的钟表。惠更斯认为，摆锤在海上振动虽然会加大，但是利用摆线弧的时钟在海上也能正确地指示时间，因此他试图组装摆锤沿大摆线弧往复运动的单摆时钟。

惠更斯对摆线弧所做的数学、物理学性质的研究，对动力学产生了很大影响。但是，采用摆线弧的单摆时钟并没有实际制造出来，正如他最初所设想的那样，小振幅的单摆时钟得到了普遍应用。

单摆时钟作为测定时刻的机械，其精度虽然提高了，可是由于单摆的摆动是靠组合齿轮传递的，如果齿轮的质量不好就无法准确地传递单摆的等时性。于是，在采用单摆结构的刺激下，齿轮的制作方法在不断改进，同时对如何正确地加工齿轮以及什么样的齿形效能更好等许多技术问题，展开了广泛的研究。惠更斯一直坚持对齿轮的研究，于1680年完成了冠状齿轮的齿形设计。

Ⅳ-1　惠更斯

17世纪是近代自然科学诞生的世纪。英国哲学家怀特海（Alfred North Whitehead，1861—1947）把17世纪称作“天才的时代”。这个时代，不少杰出的科学家在自然科学领域做出了许多重大发现。

17世纪前半叶，伽利略、开普勒、笛卡尔（René Descartes，1596—1650）、托里拆利、帕斯卡等人，在天文学、力学、数学等学科领域建立了光辉业绩。其中望远镜的发明，使人类的目光指向地球之外，开始了对月球、太阳以及木星等星球的观察研究。进入17世纪后半叶，英国皇家学会、法国科学院、德国的柏林科学院等相继成立，出现了近代的科学研究组织，自然科学得到了进一步发展。

牛顿、莱布尼兹（Gottfried Wilhelm von Leibnitz，1646—1716）以及惠更斯等人就是活跃在这一时期的杰出代表。

【法学家惠更斯】

1629年4月14日，惠更斯出生于荷兰的海牙。由于幼年时代就受到担任奥兰耶（Oranje Frederik Hendrik，1584—1674）大公秘书的父亲的数学启蒙教育，他很早就对数学产生了兴趣。那时，牛顿和莱布尼兹还没有发明微积分。

图4-1　惠更斯

惠更斯16岁进入莱顿大学，专攻法律。但是，他在大学时代没有失去对数学的喜爱，并得到了某些有才能的教师良好的数学教育。

大学毕业后的两年间，他继续从事法律研究。为了开阔眼界，惠更斯曾去丹麦、法国和英国等国旅游。

【天文学研究】

伽利略在17世纪初发明了天文望远镜，开始进行天体观测。伽利略发现月球是一个和地球相似的天体，同时还发现了许多其他星球。他对银河进行了详细观测，发现土星是由三个球体组成的。他认为，土星由三个球体构成，两侧的球体小，正中的球体相当于两侧的三倍那么大。伽利略的这一发现，后来得到惠更斯的订正。但是当时对于伽利略的这个发现，就连佛罗伦萨的大学教授们也没有一个人予以承认。对此，伽利略在写给开普勒的信中曾表示了极大的不满。

惠更斯坚持研究数学，在平面曲线的求积法等方面显露了才能。他和哥哥君士坦丁一起改革望远镜，研究制造高性能透镜的方法，并于1655年设计出研磨透镜的新工艺，制造出新型望远镜。

惠更斯使用这架性能优越的新望远镜进行天文观测，纠正了伽利略关于土星是由三个分列的球体组成的说法。据惠更斯的观察，土星并不是由三个球体组成的，而是在土星周围空间有个圆环环绕着。关于这个问题，他在1659年于海牙发表的用拉丁文写的论文《土星系的奇异现象及该行星的新卫星》中做了详细描述。

同一时期，惠更斯还发现了围绕土星的最大卫星。他长时间跟踪观测这颗卫星的运行轨迹，发现它每16天绕土星运行一周。惠更斯发现的这颗卫星，是人类观测到的第一颗卫星，它混杂在随行星运行的许多小星之中。

发现这颗土星的卫星之后，惠更斯继续进行天文观测，第二年他又对猎户座星云进行了观测。

【单摆时钟的发明】

进行天文观测，研究天体运动，都需要准确地测定时间。从11世纪起，出现了装有重锤的齿轮钟，而作为天文观测用的钟表，是最早由纽伦堡的巴尔塔于1484年组装的齿轮钟。16世纪中叶，出现了适合

图4-2　伽利略的时钟

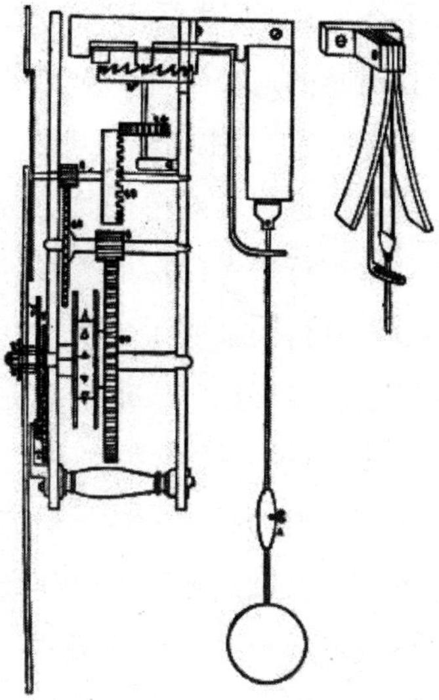

图4-3　惠更斯的时钟

家庭使用的能打点报时的钟，同时，小型怀表也被制造了出来，即众所周知的“纽伦堡蛋”。

伽利略发现单摆的等时性以后，也想利用这一等时性制造钟表，但是他的这一愿望并没有实现。惠更斯则成功地研制成单摆时钟，并将1657年装配出的最早的单摆时钟赠给了国会。1658年，惠更斯在《时钟》一书中对这种时钟的力学结构做了说明。

惠更斯研制的单摆时钟，于1657年获得荷兰政府的专利，自此惠更斯的名字开始为世人所知。1663年他当选为皇家学会会员。惠更斯刚过30岁，名声就传遍了整个欧洲。

【去法国】

路易十四（Louis XⅣ，1638—1715）的大臣科尔贝（Jean Baptiste Colbert，1619—1683）在创建法国科学院时，首先想到的就是招聘这位著名的荷兰学者。惠更斯接受了邀请，以会员身份自1666年起在巴黎度过了15年的研究生活。

在巴黎的这15年间，对惠更斯来说环境是极为优越的，经济问题完全不必考虑，可以全身心地投入到科学研究中去。

惠更斯进一步对单摆时钟做了研究改进，根据数学及力学原理对光学理论进行了专门探讨。并对伽利略发现的单摆等时性重新做了详细的数学解析，证明了单摆长度与摆动周期的关系。与此同时，他还验证了渐屈线理论，发现摆线的渐屈线就是摆线本身，单摆的周期与振幅无关，而是一个常数。

惠更斯努力把这些数学研究成果应用到实际中去，悉心研究并组装了单摆不做圆周运动而做摆线运动的装置。这种装置是把系绳夹紧在弯曲成摆线形的两块硬板的一端，把重锤吊挂在系绳下面，使系绳沿摆线而弯曲摆动。

但是，这种摆线单摆并没有得到实际应用，原因在于如果减小单摆的振幅，那么无论是摆线单摆还是圆弧单摆，对确保钟表快慢的准确性均无明显差异。

进而，惠更斯研究了离心单摆理论。这种单摆在摆动时，摆锤在水平面上描绘出圆形轨迹，而摆绳的轨迹则是圆锥面。这种装置后来经过詹姆斯·瓦特（James Watt，1736—1819）的改革，作为自动调节蒸汽机转速用的离心调速器而得到实际应用。

惠更斯对周期为2秒的单摆摆长进行了最初的精密测定，发现它的长度是3.056 5巴黎尺。如果设t为周期的一半，L为摆线长度，则导出$t=\pi\sqrt{L/g}$的关系式，由此可以计算出重力加速度g。惠更斯求出的重力加速度为30巴黎尺零2寸，换算为国际单位制约为9.8 m/s，这个结果与现在测得的值是完全一致的。

1673年，惠更斯在巴黎发表了题为《论单摆时钟与单摆运动》的论文。这篇论文是用拉丁文写成的。

惠更斯的助手巴本（Denis Papin，1647—1712）在长期对汽缸和活塞进行实验的基础上，对它们加以改革，设计出用火药驱动的大气压式发动机。对此，1673年惠更斯曾在日记中写道："这是一种不需要像饲养马匹那样花费大量保养费就能产生很大动力的装置。"可惜这一研究没有取得实用的成果。

【从巴黎到海牙】

尽管法国当局许诺惠更斯在巴黎有完全的信教自由，但是当时的法国对新教徒的迫害日益加剧，因此在南特敕令[1]废除以前，惠更斯于1681年离开了长期居住的巴黎，回到故乡海牙。

回到海牙后，惠更斯继续他的研究活动，制造出长焦距的透镜，并成功地组装了消色差透镜。此外，他还研究了光的性质。他在科学史上的重要功绩，就是对建立"光的波动说"做出的重大贡献。

光的波动说是1665年由胡克提出的。惠更斯的功绩在于提出了有关光传播的"惠更斯原理"，并用这一原理解释了光的反射、折射等现象。

他还设定了一种叫做"以太"（ether）的假想物质作为光的传播媒介。对于这种"以太"是否存在，后来引起过许多学者的争议，直到1905年爱因斯坦提出相对论以后，才否定了"以太"的存在。惠更斯在光学方面的研究成果，全部汇总在1690年他所写的论文《光的研究》中。

Ⅳ-2　帕斯卡

【青年时代】

帕斯卡于1623年6月19日出生于法国中部的克莱蒙（Clermont，现在的Clermont-Ferrand），是克莱蒙地方征税官艾基纳·帕斯卡

[1] 1598年法王亨利四世签署的允许国内胡格诺教徒信仰自由的宗教宽容敕令。

（1588—1651）的长子。他的父亲是一位博学之人，与当时法国几位一流的物理学家、数学家交往甚密，其中主要有皮埃尔·伽桑迪（Pierre Gasseudi，1592—1655）、皮埃尔·德·费马（Pierre de Fermat，1601—1665）、德萨尔格（Gèrard Désargues，1593—1662）等人。

最初，父亲强迫他学习古典拉丁语，禁止他阅读数学书，但是他对物理学和数学的浓厚兴趣使父亲也无可奈何。他3岁时，母亲不幸去世。为了让这个早熟的孩子受到良好的教育，他的父亲带领孩子们于1631年离开克莱蒙移居巴黎，专心从事自然学研究和对孩子们的培养教育工作。

在这种环境下，帕斯卡的才能得到了充分的发挥，据说他在11岁时就做过有关音响的实验，并整理了观察结果写成了一篇小论文。

据他的姐姐吉尔伯特（Gilbert Pascal）写的《帕斯卡传》记载，帕斯卡12岁时，常在孩子们卧室的地板上画“棒”和“圆”，独自想出了对欧几里得（Eukleides （Eucrid），B.C. 330—B.C. 275）第32条定理“三角形内角之和等于两个直角”的证明。尽管不见得真有其事，但父亲艾基纳对他的才能确实感到高兴，开始考虑对他进行正规的数学教育。

这一年，法国创建了由梅森（Marin Mersenne，1588—1648）神父领导的科学院，帕斯卡的父亲和数学家德萨尔格、罗贝瓦尔（Gilles Personne de Roberval，1602—1675）一道加入了这个团体，成为第一批会员。后来，帕斯卡也获准参加科学院的聚会。

图4-4　帕斯卡

帕斯卡从1639年起开始研究几何学，在德萨尔格的影响下，写出了《试论圆锥曲线》一文，于1640年公开发表。在这篇论文里包括有今天射影几何学中的“帕斯卡定理”。

图4-5 帕斯卡发明的计算机

图4-6 莱布尼兹发明的计算机

1640年，帕斯卡随父亲去鲁昂赴任后，为了减轻父亲在征税工作中计算上的辛劳，他决意制造计算机，那时他才17岁。在忘我地研制计算机的过程中，帕斯卡的身体逐渐变得虚弱。在他热衷于研制计算机的1642年，伽利略离开了人世。

1645年，帕斯卡终于制成了计算机。他写信给大法官表示愿意献出计算机，信中详细介绍了计算机的结构。后来，这封信被印刷公开发表，这台计算机至今仍保存在巴黎的国立工艺学校里。

【帕斯卡定理】

1646年1月，帕斯卡的父亲腿骨受伤，由德尚（Deschamps）兄弟负责治疗。这期间帕斯卡通过他们结识了圣·西兰的门徒基尔贝（Guilbert），以此为契机，使帕斯卡一家的宗教信仰接近了波尔·罗阿雅尔教派，尤其是他本人几乎陷入了“幡然悔悟”的程度。波尔·罗阿雅尔是17世纪兴盛起来的一座法国修道院，所谓波尔·罗阿雅尔运动是指当时在法国掀起的一种宗教信仰活动，它所宣扬的“恪守内心自由，否定权威主义”的主张，紧紧抓住了帕斯卡的心。

1646年10月，帕斯卡在一个偶然机会，从来访的父亲的老朋友、港湾城塞总督皮埃尔·珀蒂（Pierre Petit）那里听到有关托里拆利进行真空实验的消息，这引起了他的强烈兴趣。他与珀蒂一起做了追加实验，在法国首次成功地再现了托里拆利真空。托里拆利第一次做这项实验是在1643年。

为了做这个追加实验，帕斯卡制作了各种实验用具。他埋头研究玻璃管内产生的真空现象，决心查明水银柱在中途停止的原因。第二年春天，他病倒在床上，后来为了治病而移居巴黎。在巴黎他继续进行这项实验，终于打破了欧洲长期以来流行的上帝“嫌恶真空”论，证实了大气压的存在。在此期间，笛卡尔曾登门拜访过他，同他就有关真空问题交换了意见。

帕斯卡为了证实大气压力的存在，委托住在克莱蒙的姐夫富兰·帕里埃（Fourain Périer）在多姆山（Puy de Dome）山顶上做真空实验。帕斯卡在悉心专注地进行各种科学研究的同时，仍然不忘记同妹妹雅克利娜（Jacqueline Pasca，1625—1661）一起去巴黎的波尔·罗阿雅尔修道院，虔诚聆听有关宗教问题的说教。

1648年，帕斯卡委托帕里埃做的真空实验在多姆山顶进行。这座山海拔1 600米，水银柱比在地面上下降了3厘米。尽管笛卡尔固执己见始终不承认这一结果，然而帕斯卡毕竟是通过实验对托里拆利理论进行了实证，他本人还在巴黎的圣·杰克塔上做了同样目的的实验。

他把这种真空现象扩展到流体平衡这一新的领域中，继而发展了流体静力学原理。同年10月间，帕斯卡发表《关于流体平衡的实验》一文，文中提出了物理学领域中的“帕斯卡定理”，同时还提到了应用这一定理制造水压机以及测定高压、观测气压等问题。众所周知，目前应用“帕斯卡定理”的各种机械，已经为产业界广泛使用。而当年帕斯卡发现这一定理时，年仅25岁。

【幡然悔悟】

1652年，帕斯卡29岁时，妹妹雅克利娜进了巴黎的波尔·罗阿雅尔修道院，他则通过在沙龙上讲科学故事的机会进入了社交界，开始了他的所谓“世俗时代”。帕斯卡与他30岁以前认识的普瓦图（Poiton）总督卢安热（Loinger）公爵关系密切，通过他又结交了马耳他骑士团骑士、法国伦理主义者梅莱（Antoine Gombaud Chevalier

Méré，1607—1684）。帕斯卡与卢安热公爵的妹妹，时年20岁的夏洛特（Charlotte）关系也很亲密。

1654年，帕斯卡再度沉浸在科学研究之中，并曾向巴黎科学院递交了用拉丁文写的科学研究计划。这时期他完成了《关于大气重量》和《流体平衡论》两篇论文。在与梅莱的交往中，他对赌博产生了兴趣，为此他开始研究在赌博中起主要作用的概率计算问题。与此同时，他还同数学家费马保持书信往来，并相继写出了《算术三角形论》《数的序位应用》《组合的应用》《概率论的应用》《二项式的应用》等多篇论文，此外又巧妙地解决了分摊问题。

同年9月，他多次去波尔·罗阿雅尔修道院看望妹妹雅克利娜，并向她谈起自己对世俗生活的厌倦以及对科学研究的空虚感，诉说他精神上的过度疲劳。

11月，帕斯卡搬到波尔·罗阿雅尔修道院附近的布尔乔亚·圣米谢尔街居住。11月23日夜间，他经过一阵强烈的情感波动后产生了一种异乎寻常的宗教忏悔感，从此以后他成了波尔·罗阿雅尔修道院的教友。在这一时期，他将自己对宗教和人生的感悟以“冥想录”的形式记载下来，并把它秘密地缝在内衣里。这个“冥想录”是在他去世后被人发现并经整理后出版的。

帕斯卡“幡然悔悟”后，积极地参加了宗教活动，不过并没有忘记数学。1658年，他研究摆线问题，并与许多数学家通信征求意见。同年10月他撰写出《摆线的历史》，从而成为开拓积分学的先驱人物。在这一时期他还写了题为《几何学的精神》的哲学论文。

36岁那一年，帕斯卡曾在1月份给惠更斯写信探讨数学问题。到了3月份，由于健康状况开始恶化，他被迫停止了科研活动。

1662年，帕斯卡同卢安热公爵筹划经营公共马车，并获得国王的恩准。兴办这项事业，既是考虑到一般市民的交通方便，又可以用所得的收益支付住院费。3月18日，公共马车以统一票价开始运营。同年

6月，他的病情进一步恶化，遂迁到圣德契尼教区的圣玛尔赛尔门护城河附近的姐姐家中。7月4日请来布里埃（Bourier）司祭，拜受圣体，8月3日立了遗嘱，19日凌晨1点与世长辞。他临终前最后一句话是：“愿上帝和我同在！”

【冥想录】

帕斯卡以启示录的形式留下了很多片段草稿，后来以《冥想录》（Pensee）的形式发表。据推定，其中大部分片段是从1657年到第二年间写下的，有名的“会思考的苇叶”一语即出自其中。

Ⅳ–3　胡克

“胡克定律”现在已为人所共知，而且人们至今仍然广泛应用这一定律来解决力与形变问题。

罗伯特·胡克，1635年7月18日出生在多佛海峡怀特岛（Isle of Wight）上一个名叫弗列斯沃特的地方。

他考入牛津大学后只读了两年，没有取得学位称号。但是，在那里有幸与以提出气体压力与体积关系的“波义耳定律”闻名的罗伯特·波义耳成为至交，并迈出了研究生活的第一步。

胡克自幼生性机灵，勤奋好学，还十分喜爱绘画。

图4-7　胡克

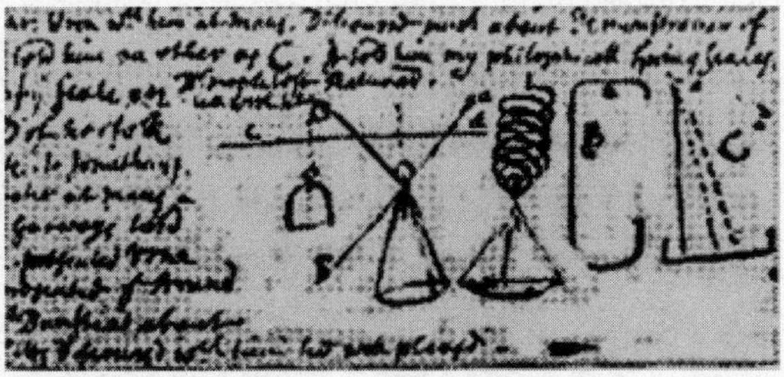

图4-8　胡克的实验

胡克20岁时离开了牛津大学，加入了以威尔金斯（John Wilkins，1614—1672）为核心的科学家俱乐部，28岁的罗伯特·波义耳也是这个组织的成员之一，胡克当时是波义耳的实验助手。

【胡克定律】

胡克在担任助手期间，为波义耳发明并制造了气泵，波义耳使用这个装置于1660年发现了著名的“波义耳定律”。不过也有人说这个“波义耳定律”最初是由胡克发现的。胡克有着非凡的创造力，他善于思考各种问题，对研究飞机也很感兴趣，为后人留下了有关空中飞行装置的各种设想。这些设想在200年后由莱特兄弟（Wright，Wilbur 1867—1912 and Orville 1871—1948）实现了。

1660年，胡克发表了关于毛细管现象的论文。同年，皇家学会成立，他和另外一些知名学者一道成为创办皇家学会的成员。皇家学会初创时的人名簿现在还被保存着，从中可以看到只有胡克一个人没有学衔，而使用“胡克先生”的称呼。直到很久以后，他才取得了博士学位。

胡克自20岁起开始研究天文学。当时，航海事业日趋兴旺，“经度和时间”成为必须解决的问题。于是，人们大力研究钟表，改革单摆时钟。但是，利用重力的单摆时钟不适宜在海上使用，需要有一种不借助重力的时钟，也就是说，需要一种不论如何摆放都能正确走时的钟表。

胡克将砝码吊在弹簧下，实验观察砝码大小与弹簧变化的关系，从而发现了形变与负荷重量成正比的事实。这就是他在1675年正式提出的“胡克定律”。根据这一定律他还发现弹簧的振动与振幅无关，只是具有一定的振动次数（固有频率）。

在此基础上，胡克设计了发条（盘簧）时钟。后来，船用时钟便由发条钟取代了单摆钟。

【《显微图谱》的出版】

胡克在生物学领域里也有许多建树。他独自改革并研制出高性能的显微镜，在显微镜的操作使用上他也是当时最出色的人物。他用这种显微镜观察了多种生物，并绘制了草图。同时，也对植物组织、纤维、藻类、微小动物等微小物体的细微结构及运动状态进行了详细的观察分析。

他第一个用显微镜观察化石，证明化石是由远古时代的贝类和动植物生成的。

他把这些研究成果加以汇总，于1665年发表了著名的《显微图谱》，其中收进了多幅以往人们不曾见到过的极为精美的插图。他对昆虫的研究尤为出色，不仅正确地指出了昆虫的羽毛及鳞片的形状，而且绘制了非常精美逼真的图画。据说其中有几幅是由他母亲的兄弟——著名建筑家克里斯托夫·雷恩（Sir Christopher Wren，1632—1723）绘制的。

在胡克利用显微镜发现的许多现象中，为多数人所共知的最为有名的一项，是证实了软木是一种具有多孔结构的物质。他把软木切成薄片，放在显微镜下观察，看到由长方形的小穴洞组成的美丽的结

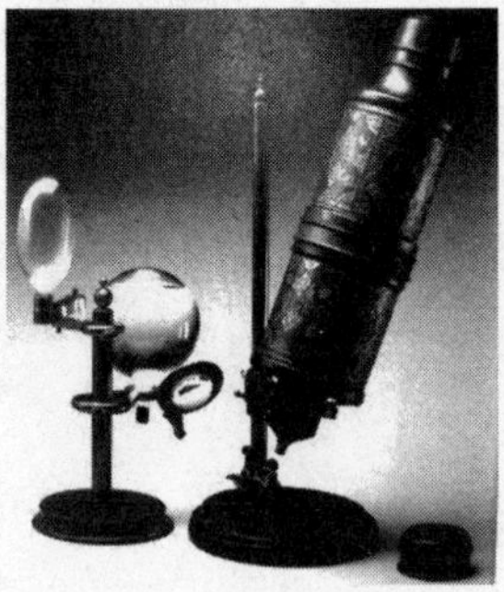

图4-9　胡克显微镜

图4-10　苍蝇

构，他把这种穴洞称作“cell”（细胞）。所谓cell原是小房子的意思，他在这里借用来给生物组织的残骸命名。这是生物学中一个很重要的名词，直到现在我们还在使用cell一词。

在这本书里，胡克还阐述了形成薄膜颜色等问题，涉及到光学方面的一些重要内容。

同一时期，他还发明了气压计，并在一定程度上弄清了气压与天气的关系，还设计了湿度计。

1666年9月，伦敦发生大火，灾后政府制定了城市恢复计划，建筑家雷恩被国王任命为最高负责人，胡克则由伦敦市任命为执行负责人，当时他年仅31岁。胡克通过与雷恩的密切合作，成功地完成了重建伦敦市的大业。雷恩所设计的建筑物，现在大部分都保存了下来，而胡克所设计的，只存留下来一座“火灾纪念堂”。

这期间，胡克发挥了他的创造才能，发明了在玻璃筒中封入酒精和气泡的水准仪，同时还发明了制砖的新方法。

在这段时间里，他观测了火星黑点的变化，还成功地进行了相当于今天的人工肺的实验。实验中，他设法停止狗肺的肌肉运动，代之以人工方法用风箱向狗肺送入空气，维持狗的生命。

【人品】

从皇家学会成立后的1664年到1677年间，担任事务局长的奥尔登伯格（Oldenberg）与胡克不睦，每逢见到胡克便远远地避开。牛顿当时也是皇家学会会员，他不爱与人争论，而胡克却喜欢辩论，几乎每天都在咖啡馆里与波义耳和雷恩辩论科学问题，并以此为乐趣。因此，胡克和牛顿在性格上无论如何也合不来。由于奥尔登伯格站在牛顿一边，这使得胡克在皇家学会中始终处于不利的地位。

1674年，惠更斯向皇家学会申请登记他发明的发条时钟，胡克对此提出异议，指出这种钟是他以前发明过的，可是奥尔登伯格却无视他的申诉。1677年奥尔登伯格去世后，胡克继任了事务局长的职务。

哲学家兼物理学家莫利纽克斯（William Molyneux，1656—1698）曾出席过1683年皇家学会的一次聚会，他在信中记述了这次会上所见到的一些著名人物，其中有关胡克的评价是："这是世界上一个性情乖僻的人，每当皇家学会的某个学者公布自己的发明或发现时，他总要说他本人在这之前早就知道了，因此谁都憎恶他。"

认为胡克性情乖僻的这种评价，一直持续了200余年，直到1935年胡克生前的日记被公布以后，人们才从根本上改变了对他的认识，重新估价了他的为人和功绩。

这一时期，与胡克同时代的牛顿运用数学知识深入研究自然现象，创立了完整的纯数学性的定律。胡克也想到了关于力与距离的"平方反比定律"，同时也发现了"牛顿环"，然而他没能把它们升华成一个定律。不过，从着眼点的正确性和敏锐的洞察力上看，他堪称是个少见的具有出色研究能力的天才，只是过于旺盛的创造力妨碍了他把精力集中于一个方向上。再者，他的平民出身，也成为他在一切方面的不利因素，而牛顿则是一个地主兼庄园主。

胡克是一个佝偻病患者，这对他的性格影响很大。他个子矮小，脸色苍白，其貌不扬，嘴巴很大，下巴尖突，头发蓬乱，身体皮包骨般的瘦弱。或许是出自这一肉体上的自卑感，使他形成了一种嫉妒心很重、自我意识很强的性格。而且，只要他脑海中闪现出什么想法，总是立刻向人们宣扬。

由于他厌恶自己的容貌，很少请人为自己画像。至今可确认是他的肖像画的仅有一幅，而且，这仅存的一幅肖像画是从何而来也无法考证。

胡克在晚年期间，由于持续性头痛和失眠的折磨，几乎变成了一个盲人。1703年3月3日，胡克在伦敦与世长辞。

Ⅳ-4　牛顿

图4-11　牛顿

牛顿于1642年12月25日恰好是圣诞节的这一天，出生于英国林肯郡科尔斯塔沃斯小镇附近的一户农家石屋里，这座农舍被称作“伍尔索普（Woolsthorpe）领主宅第”。他的父亲是个自耕农，即所谓乡土出身的地主，他所有的土地每年仅能收30镑的地租，但法律上却把使用“庄园主”这一称号的权利赋予了牛顿。

当时，地主阶级被平民称为绅士，牛顿把获得“庄园主”这一贵族称号看作是他一生中的一件大事。

牛顿的父亲在他出生前就去世了。他刚出生时身体很小，差不多可以装进1夸脱（约合1升）的杯子里，是一个懒得抬头又十分瘦弱的婴儿。随着年龄的增长，牛顿的身体逐渐结实起来，上小学时每天都是步行去学校。

牛顿喜欢阅读约翰·拜特（John Beit）的《人工与自然的秘密》一书。这是一本少年读物，书中写有各种机械的制造方法、焰火的制法、药品的配制方法、手工艺品的制作方法等。他从这本书中受到启发，制作了水钟。这种水钟有一个水槽，随着水从水槽中匀速滴落，浮在水槽中水面上的木板不断下降，从而带动时针运行并指示时间。据说这种时钟走时很准确。

牛顿非常喜欢书中的插图，酷爱雕刻，他在家中的一块房基石上雕了一个日晷，这块石头现在还被皇家学会收藏着。在学校里，他到处刻画自己的名字，每次调换座位他都要在桌椅上刻上名字。对于书中所写的，或是自己头脑里想出来的，他总要设法制作出来或描画出来。

牛顿在少年时代是个头脑聪明的孩子，喜欢制作模型和绘图。上学之后，他逐渐养成了好学的习惯，老校长亨利·斯托克斯（Henry Stokes）发现这一点后，认为他应该进大学深造，他的母亲也同意了校长的这一意见。

【剑桥大学时代】

1661年，18岁的牛顿考上了剑桥大学，而且进入了名声很高的三一学院。他因为学费不足而成为领取助学金的学生，靠做一些学院里的杂务以及在教员身边帮忙所得的收入支付学费。

牛顿是一个认真且严守道德的学生，不主动交友，也从不与那些有钱的华而不实的学生交往，因此在大学生活的前两年里，他是如何度过的并不清楚。

21岁时，牛顿与担任鲁卡斯数学讲座的教授伊萨克·巴罗（Isaac Barrow，1630—1677）交往密切。巴罗是一位天赋过人的数学家、古典学家，同时又是神学家、牧师。他第一个发现牛顿具有成为自然哲学家（“自然科学”一词在1840年以前还没有使用）的才能，建议牛顿研究数学，同时要把注意力转向光学领域。1669年，巴罗在牛顿的协助下出版了《光学及几何学讲义》一书。

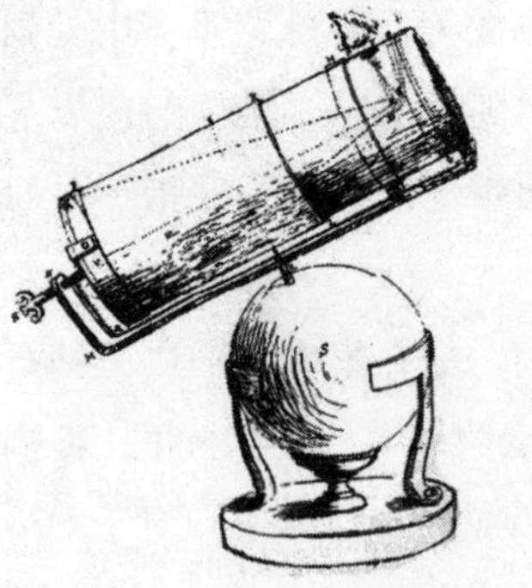

图4-12　牛顿的反射望远镜

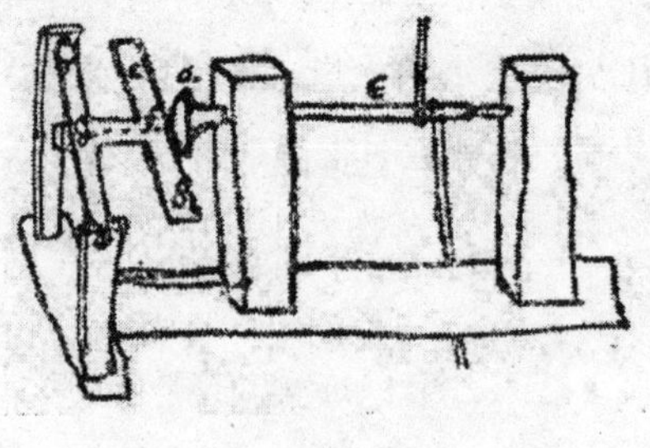

图4-13　研磨透镜的装置

【在伍尔索普的18个月】

1665年，牛顿获得了学士学位，他的成绩并不特别突出，这段时间在剑桥关注他的只有巴罗教授一个人。

伦敦从一年前就开始流行鼠疫。1665年7月至9月的仅仅三个月内，伦敦的人口就减少了十分之一。剑桥大学也恐于鼠疫蔓延，于同年秋天关闭。牛顿回到故乡伍尔索普，直到1667年春天大学重新开课时止，都是在家乡度过的。他在伍尔索普的18个月中，总是独自埋头思索各种问题，这段时间在他的一生中是极为重要的。用他自己的话说，“只有靠不断地思考，才能到达发现的彼岸”。他就是在这样的思想指导下发现了万有引力、进行了光的分析并研究出了微积分。

牛顿认为，支配天体运动的规律与支配地面上的物体运动的规律是一样的，他确信这是一种力学规律在起作用。通过对月球运动的研究，可以断定月球运动与地面上的运动物体都遵循同一规律，那么，与在地球上做圆周运动的物体相同，束缚月球做圆周运动的力究竟是什么呢?

牛顿在日记中写道：“我把保持月球沿其轨道运行的力与地球表面上的重力加以比较，发现它们与理论上的计算完全吻合。”同时，他还根据与距离平方成反比的万有引力解释了行星的运动，由此迈出了通往重大发现的第一步。但是，他没有马上宣布上述的研究成果，这是因为他向来讨厌有点什么就急于发表的做法。

在伍尔索普期间，牛顿研究了级数和微分法，后来又发现了微积分的原理，但是这些成果照例没有即时发表，直到1669年（26岁时）他向导师巴罗教授报告了这一情况之后，才为许多数学家所瞩目，但是公开发表则是30年后的事。

在伍尔索普的18个月，为牛顿后来的一系列科学发现奠定了坚实的基础。他说：“这段时间是我创造活动的鼎盛时期，以后的任何时期都没有像那时那样埋头醉心于数学和哲学的研究之中。”

【剑桥时代】

牛顿于1669年26岁时重返剑桥，接替导师巴罗任鲁卡斯数学讲座教授，并写出了有关光学的讲义，提出了著名的"光的粒子说"。

当时，学者中曾有人对他的研究工作提出了批评，但是以发现哈雷彗星而闻名的天文学家埃德门德·哈雷（Edmund Halley，1656—1742）认为他的研究极为重要，劝他把自己的研究成果和发现整理出来写成论文。哈雷还敦促皇家学会对此予以承认和支持。在这种情况下，牛顿才下决心写论文，并于1685年开始动笔。这篇论文是用拉丁文写的，大约花费了一年半的时间。这就是著名的《自然哲学的数学原理》，一般简称为《原理》（《Principle》）。内容主要是关于力学的规律，即机械运动的法则。第一卷探讨了物体在没有任何阻力的空间中的运动状态，第二卷论述了在有阻力存在的环境中的物体运动，第三卷阐明了整个宇宙运动体系的结构。

在撰写这篇论文的过程中，他常常伏案到深夜，有时为了战胜困倦甚至站着写作，付出了极大的努力。这项工作影响了他的健康，1693年，牛顿患了神经衰弱症。在写给好友英国作家、海军军官佩皮斯（Samuel Pepys，1633—1703）的信中，他说："染病一两个月来，食欲不振，睡眠不足，而且不愿会见您和其他任何朋友。"

【晚年】

1705年，牛顿65岁时被授予爵士称号。健康状况一度恶化了的身体，晚年竟然好了起来。他掌握着皇家学会的领导权，过着富裕的生活，但还是那样奋发努力，保持着敏锐的洞察力。同时在宗教学和神学方面也有很深的学识。

1727年2月，牛顿为了主持皇家学会的一次聚会而前往伦敦，会后回到肯辛顿就病倒了，这次他最终没有康复，于同年3月20日去世。

Ⅳ-5 托马斯·杨

图4-14 托马斯·杨

托马斯·杨（Thomas Young，1773—1829），因以他命名的“杨氏率”或称“杨氏系数”（弹性力学上的常数）而为人所共知。这些系数在工程学的构件设计中是必须使用的重要数据。

所谓天才，是指那些具有卓越才能的人，他们生来就有敏锐的直观能力，记忆力也超人一等。托马斯·杨就是这样一个人。

1773年6月13日，托马斯·杨出生于英国萨默塞特郡（Somerset）的米尔巴顿，是个两岁就能认字、四岁就已读过两遍圣经的“神童”。

他青年时代更加才华横溢，在剑桥大学求学期间，被人们称作“天才杨”。他最初立志学医，曾得到在爱丁堡以研究潜热著称的布莱克（Joseph Black，1728—1799）教授的指导。之后，又前往德国格丁根大学深造，并于1796年取得学位。

1800年，托马斯·杨回到伦敦开业行医。这期间，正值伦福德伯爵（Benjamin Thompson Court Rumford，1753—1814）创办皇家研究所，旨在推进方兴未艾的科学技术研究活动。1801年，托马斯·杨成为该研究所的自然理学（物理学）教授。

【皇家研究所】

伦福德伯爵的名字叫本杰明·汤普逊，1753年3月26日出生于美国临近波士顿的马萨诸塞州小城镇乌班。他自少年时代起，就显露出独立思考、喜欢做实验以及创立理论方面的卓越才能。美国独立战争爆发时他曾因通敌嫌疑被捕入狱，后来由于证据不足而获得保释。为了免遭迫害，他于1776年抛下妻子和女儿，只身逃亡到英国。

到达伦敦以后，伦福德在担任殖民部要职的同时，开始研究童年时代就十分感兴趣的大炮和火药，1779年成为皇家学会会员。后来伦福德又在慕尼黑担任过军部大臣、内务大臣、宫廷大臣等职，在教育、卫生、住宅问题、医疗事业、贫民救济以及粮食问题等方面都成绩出色。由于这些功劳，他被纳入神圣罗马帝国贵族之列，号称伦福德伯爵。

1798年，伦福德离开慕尼黑再次回到伦敦。这时美国新政府希望他能回国，但是他坚持留了下来，着手实施以前拟定的计划，即筹集捐款成立科学研究所。

在他起草的研究所宗旨中写道："用募捐方式在大英帝国首都建立公共研究所，旨在普及知识，把机械发明和改革成果应用于一般性生产。同时，通过举办理学讲座和实验，传授方法，将科学应用于人类的一般目的。"

1800年，这个研究所得到乔治三世（George Ⅲ，1738—1820）的批准，定名为"大英皇家研究所"。正如宗旨中指出的，它以普及科学技术进步的知识、促进科学在现实生活中的应用为目的。为此，这个研究所广泛搜集各种机器和发明物，设立完备的实验室和讲堂，并由一流学者担当有关科学和技术的讲授和实验任务。除专题讲座外，每周星期五晚上还安排一般内容的讲座和实验。这些活动吸引了很多人，博得了社会的热烈赞赏，由于当时正逢"科学社会化"的口号叫得最响的时期，因此很多关心科学的人前来听讲。

托马斯·杨于1801年28岁时，受聘担任了皇家研究所的自然理学教授。

【托马斯·杨的研究活动】

托马斯·杨在学生时代就曾研究过眼球晶状体的变形问题。他于1801年指出，角膜曲率的不规则性是造成像散的原因。托马斯·杨从研究眼球入手，逐步转向了光学领域。

关于光的本性，“粒子说”和“波动说”之间的争论已经持续了一个世纪以上。由于光直射形成的鲜明影子无法用波动说来解释，因而在相当长的时间里，“粒子说”占了上风。

有人认为，波动的波长愈短就愈不容易出现弯曲，因此如果光的波长极短，那么光线的弯曲将会是很小的。托马斯·杨通过实验证实了光具有波动性，是一种波。

他在皇家研究所担任教授期间，即从1801年起的两年时间里共做了91次讲演。1801年11月12日的演讲题目是“光与色彩理论”。他指出：“从不同原点出发的两个振动，在其振动方向上或是完全重合或是基本情况相同时，其合成效果是从属于它们的运动的集合。”光学的这一原理，以前曾由胡克以不完备的形式提出过，而托马斯·杨则是独立思考出来的，并且首先把这一原理应用在声学和光学方面。

1802年，他在《理学报告》上发表的论文中，进一步发展了这个命题，指出：“当同一个光源的两个部分沿不同路径恰好或者几乎在同一方向到达人眼时，如果其路径差是某固定长度的倍数，则光最强。干涉的两个部分处于中间状态时，则光最弱。这个长度（即波长）因光的颜色不同而不同。”也就是说，托马斯·杨在这里已经提出了光干涉的一般规律。“光的干涉”这个术语，从此便沿用了下来。

另外，他还证明了不同颜色的光具有各自不同的波长，光的波长可以通过薄膜的颜色或是利用衍射现象推导出来。

1803年，托马斯·杨在一次实验中发现，当光透过很小的孔时，小孔的映象可以形成明显的光带。光带是一种由于衍射引起的光线弯曲现象，而这个现象用“粒子说”是解释不了的。

他在对声音本质的研究中，发现了“差拍”现象。这是一种由音高不同的两个声音合成使声音呈现出周期变化的现象，如果把声音的音高看作是取决于波长的不同，便可以充分地解释这种现象出现的原因。

托马斯·杨认为，如果光是一种粒子，则不能产生与声音相同的“差拍”现象；如果光是一种波动，便可以出现“差拍”并形成明暗相间的条纹。他设法使光从两个小孔中通过，光在很大区域里互相重合，在重合处出现了明暗相间的条纹带，也就是说产生了与声音干涉同样的现象。由此，他确立了光的波动说。

进而，他又根据光的衍射现象计算光的波长，得知光波的长度一般只有1米的百万分之一。

此外，他从研究光现象入手，进一步探讨了色彩的感觉问题，发现把红、绿、蓝三种颜色按不同比例加以组合，则可以得到另外的无数种颜色。这一理论大约在半个世纪后，由英国物理学家赫尔姆霍茨（Herrnann Ludwig Fedinand von Helmholtz，1821—1894）进一步发展，称作“杨—赫尔姆霍茨三原色理论”，今天已经应用于彩色电视机等方面。

托马斯·杨通过对声音和光异常精确的观察和测定，阐明了光的干涉现象，倡导光的波动说。但是，由于他的论文在表达方法上过于简单且不够明确，因此他的理论经常被人们付之一笑，在当时许多关心科学的人的心目中也并未留下任何印象。

【杨氏系数的测定】

由于托马斯·杨的理论在当时没有为社会所接受，他暂时放弃了光学研究，将研究方向转向了其他领域。在大约12年的时间里，他一面从事医疗工作，一面钻研文献学，特别是对象形文字的判读深感兴趣。

1807年，托马斯·杨首次使用了表示做功能力的“能”一词，引入了“能”的概念。

他也曾研究过流体的表面张力，并发表了有关物体弹性的论文。他是第一个测定纵弹性系数的人，因此今天人们把这个系数叫“杨氏系数”或“杨氏弹性系数”。

托马斯·杨是一位历史上少见的、兴趣极为广泛的科学家。他的研究活动涉及医学、哲学、数学、物理学、生理学、考古学等众多领域。在伦敦的上流社会中，他在骑马、绘画、音乐方面也颇有名气。同时，他还是最先在判读埃及象形文字方面取得一定成果的人。

托马斯·杨于1829年5月10日在伦敦逝世。

V. 产业革命
——近代工业基础的确立

人类为了生活得更加美好，必须准备充足的食物，建造舒适的住宅以及缝制既可御寒又穿着得体、式样美观的服装。无论是建造水车驱动磨粉机，还是在家中安设纺车，都是为了满足生活的需要。

在几千年的漫长岁月里，人类辛辛苦苦地推磨、摇纺车，付出了巨大的代价才得以生存下去。工匠们不断地对工具和机械进行改革，从而提供了大量的生活必需品。从17世纪起，人们对自然现象的研究日益深化，探明了不少新的自然现象，发现了关于自然的许多新的原理。

进入18世纪后，各类机械的性能得到进一步的提高。历来靠人力驱动的机械，逐渐改用风力或水力等自然力以及蒸汽或电力等人工动力来驱动。自然力和人工动力是不知疲倦的，同时也易于按人们的意志加以控制其用量。而且，机械各部分的手工操作也先后实现了机械化，并朝自动化的方向发展。

将经过改革的性能良好的机器集中在一个建筑物中，就形成了“工厂”这一生产组织形式。在这里，集聚着许多工人从事生产劳动。这种工厂化生产，比一家一户的手工业作坊生产优越得多，能够较为容易地制造出数量更多质量更好的产品来。从事家庭手工业的人们逐渐被吸引到工厂中，这样一来，本身不占有生产手段——机器的工人阶级开始形成。

从18世纪中叶到19世纪中叶，近代工业基础首先在英国得以形成，工厂的规模愈来愈大。为了提高产品的产量，集中并增加了作为生产手段的各类机械。工厂规模越大，使用的机器也就越多。这些机器精度高，生产速度快得惊人，因而可以完成复杂的作业，大量地生产出自然界不能直接提供的消费品。为了适应这种全新的生产方式，工厂中产生了一定的组织管理形式，建立了规范化的生产制度。工业对经济规模的影响，导致了社会制度的变革。从1750年到1850年的100年间，近代工业基础的确立、大工业的兴起并一直发展到社会制度的变革的这段历史过程被称为“产业革命”。

V–1　纺织机械

【飞梭的发明】

在很长时间里，纺纱织布这类工作都是妇女们在自己家中完成的，这是用简单机械靠手工操作所进行的一种吃力的劳动。1733年，英国人约翰·凯伊（John Kay，1704—1764）改革了织布机，发明了飞梭。

约翰·凯伊于1704年出生于兰开夏的贝利（Bury），最初在柯尔彻斯特（Colchester）的毛纺厂里做工，自1730年起开始制作织布用的梭子。凯伊的功绩在于把旧式织布机上使用的木制梭子改成了铁制梭子。关于他发明的飞梭，在标有1733年5月26日字样的发明说明中指出：“这是为了更好更正确地织宽幅织物、宽幅哔叽、帆布以及其他宽幅纺织品而做出的新发明。”

当时，操作织布机的织布工是将梭子从一只手递给另一只手，因此，纺织品的幅宽无论如何也不能超过一个人手臂的长度。凯伊设法使梭子从织布机的一方投向另一方，为此他把梭子固定在一个小车上，把车放在水平横木的滑槽中，滑槽两端有木制的梭箱，这两个梭箱由系着同一个手柄的两条引绳连接着。织布工坐在织机的中央，急速地用手柄牵动引绳，使横木上的梭箱交替动作，通过梭子的左右穿梭便可织出布来。

飞梭不仅可以织出宽幅织品，同时提高了织布的速度。然而，这项新发明并没有马上得到应用。当时，许多发明家都难免要受到非难，凯伊也未能逃脱这一命运。柯尔彻斯特的织布工们指责凯伊的发明夺走了他们的饭碗，迫使他于1738年前往里兹。不过，打算在那里使用飞梭织布的凯伊同样遭到当地工人的强烈反对。1745年，凯伊返回故乡，反对者们仍继续与他纠缠，并于1753年袭击了他的家。凯伊被迫逃往曼彻斯特，藏在羊毛袋子里从那里乘船逃往法国，后来寂寞地死在异邦的土地上，具体死亡地点不明。

凯伊的发明虽然遭到一时的反对，但是后来飞梭还是逐步得到了普及。1760年，他的儿子罗伯特·凯伊（Robert Kay）发明的“上下梭箱”，进一步提高了飞梭的性能。从此，飞梭在纺织工业各部门得到了广泛的应用。

【纺纱机械的改革】

凯伊飞梭的发明，给纺织业带来了巨大影响。纺织业的基本工作包括纺纱和织布两大部分，在正常状态下，这两个部分应该是同步发展才能使纺织业处于协调状态。飞梭的出现使织布的速度空前加快，而纺纱还在用传统的方法，因此产生了纱不足的矛盾。纱的价格不断

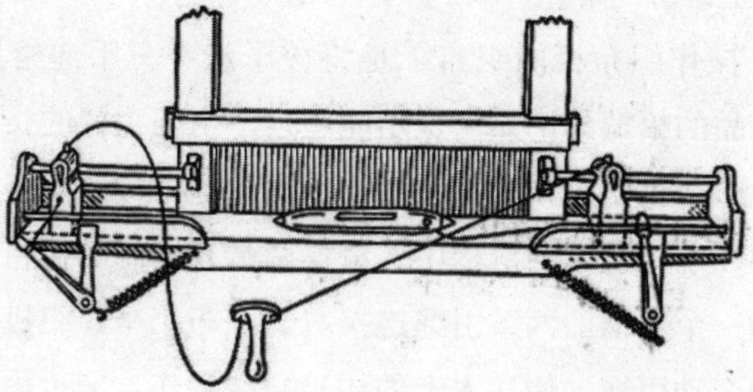

图5-1　凯伊的飞梭

上涨，而且也很难保证需要，从事织布的家庭和作坊遭受的损失愈来愈大，于是改革纺纱生产方法便成了当务之急。

1738年，路易斯·保罗（Lewis Paul，？—1759）取得了纺纱机的专利。保罗是个法国流亡者的儿子，既有理智又十分活跃。他在专利证书说明中写道："本发明可以用来纺羊毛和棉花，也可以加工生丝和梳毛。羊毛或棉花从两个滚筒间通过，由于两个滚筒的转速不同，便可拉伸出所需支数的纱来。"

这份专利证书上没有约翰·怀亚特（John Wyatt，1700—1766）的名字，但是当时人们都认为这种机器是英国的怀亚特发明的。怀亚特于1700年出生在利奇菲尔德（Ridgefield）附近的农村，是个木匠，但是却有着出色的发明才能。他一生所从事的发明就其多样性来讲是令人叹服的。最早的发明是一种金属钻孔机，卖给了伯明翰的武器制造商。后来这个制造商破了产，便把这一专利转卖给了路易斯·保罗。这样一来，保罗和怀亚特交上了朋友，并持续了十余年的友情。

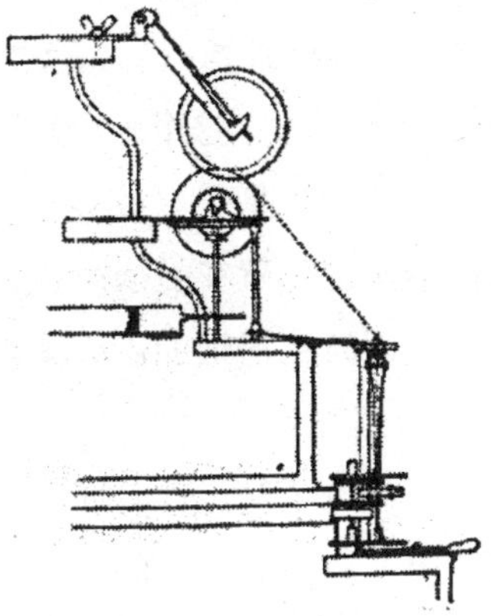

图5-2　保罗的纺纱机

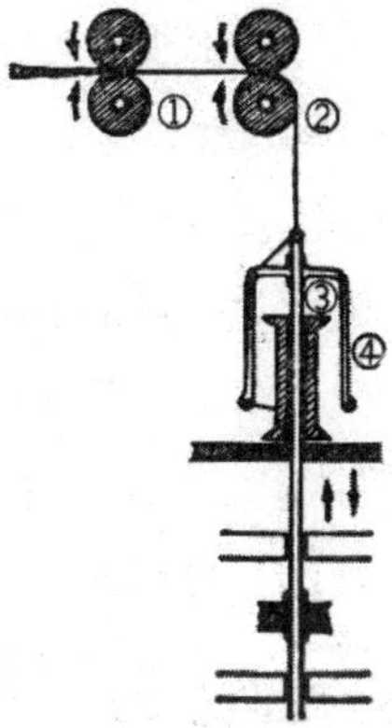

图5-3　怀亚特—保罗的辊筒

注：辊筒②转速比辊筒①快，将经过辊筒①的纱线拉伸，被拉伸的纱线经旋转的拨杆绕在纱锭上。

怀亚特和保罗的初次会面情况据怀亚特的儿子查尔斯·怀亚特（Charles Wyatt）回忆是这样的："1730年，我们住在利奇菲尔德近郊，父亲一直想要实现他的计划，于1733年在萨顿-柯尔德菲尔德（Sutton Coldfield）附近的一座房子里，制作了一个两平方英尺的模型，这就是最早制造的不靠手工操作就能纺纱的机器。"同时，发明家怀亚特自己也说："那段时间真是既兴奋而又不安啊！"

怀亚特认为，如果建立一座装备这种机器的工厂，纺纱速度会比以前快得多，获得利益也就会更大。这样，既能扩大经营，又能增加工人的收入。后来，他在伯明翰开办了一座小工厂，安装了一台机器，由一头驴子带动机器运转，工厂中雇佣了10名女工。可是，这台机器开动起来就咯嗒咯嗒乱响，经常发生故障而花掉了许多修理费。1742年，怀亚特和保罗破产，其发明被《绅士杂志》（*gentleman magazine*）主编爱德华·凯布买走。凯布在北安普顿（Northampton）建立了安装五台这种设备的工厂，计划把事业大规模地兴办起来，并雇佣了50名工人。但是，由于机器本身并不完善，工人的操作经验也不足，致使工厂没能很好地维持下去，1764年被理查德·阿克莱特（Sir Richard Arkwright，1732—1792）收购。直到此时，这个工厂始终没有引起社会的注意。但是，北安普顿的这个纺纱厂是英国最早的工厂，它是所有机械化工厂的始祖。不久，机械化工厂就在曼彻斯特、格拉斯哥、鲁昂、洛厄尔等地广泛建立起来，同时在遥远的孟买、大阪周围也是烟囱林立、工厂密布了。

纺纱机械经过初期的发展阶段，终于进入了决定性时期。几乎在同一时期里，哈格里弗斯的"珍妮纺纱机"和阿克莱特的"水力纺纱机"相继问世，给纺织工业带来了革命性的变革。

【珍妮机】

詹姆斯·哈格里弗斯（James Hargreaves，1745—1778）的生平并不十分清楚，只知从1740年起他家就住在兰开夏的布拉克班

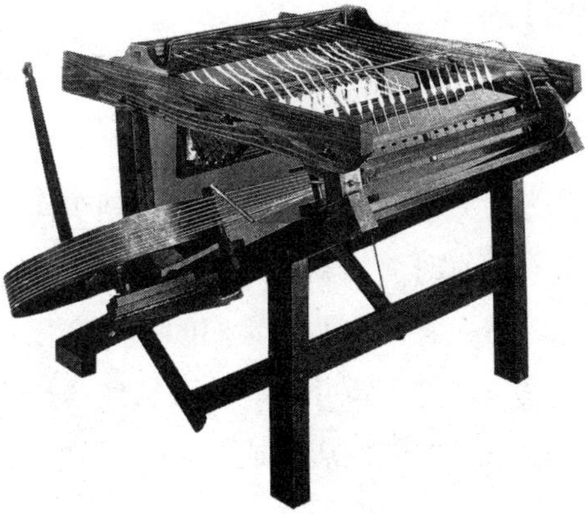

图5-4 珍妮机

（Brakpan）附近，其父以织布工和木工为职业。由于当时还没有专业技师，在木材和金属加工时，有时会根据需要将熟悉齿轮加工技术的钟表匠和锁匠召来，其中水车木工不仅会一般木工活，还熟悉铁匠工具的使用方法，同时又能操作纺车，有的还多少懂得一些数学和力学知识。哈格里弗斯的邻居是个棉布制造商，他为了制造梳棉机雇佣了哈格里弗斯，这是哈格里弗斯成为机械技师的起点。

哈格里弗斯改革了旧式纺车，于1765年发明了由一个人可以同时纺出多支棉纱的新式纺纱机——“珍妮机”，并从1768年起正式开始使用，1770年取得专利。最初研制的这种纺纱机有8个纱锭，不过纱锭数很容易增加。后来“珍妮机”可以装载80个或更多的纱锭。

哈格里弗斯想要出售“珍妮机”，到1767年为止已经制造了数台。可是他也遭到和许多发明家同样的灾难。布拉克班的工人们闯入他的家中，捣毁了这些机器，哈格里弗斯被迫移居诺丁汉，在那里出售了大量的“珍妮机”。

“珍妮机”结构简单，造价低廉，即便是最小型的也抵得上七八个工人的劳动。因此，它取代了手工式纺车而逐渐得到了推广。哈格里弗斯去世后10年，英国已经拥有2万多台“珍妮机”。

【水力纺纱机】

阿克莱特作为纺纱机的发明家是颇有名气的，不过人们很少了解他的发明经过。理查德·阿克莱特于1732年12月出生在兰开夏的普莱斯坦，是一个贫穷的大家庭中最小的孩子。他少年时代跟理发匠学徒，同时也念些书。18岁时前往离家不远的波尔坦，在那里当了很长时间的理发匠。他经常去农村收购姑娘们的头发，用自制的染料处理后卖给假发师。可见，阿克莱特并没有什么特殊的技术专长，对于当时纺织业的情况，也只是在理发店里或是在兰开夏的村落中走门串乡做生意时，从人们的谈话中得知一二。但是，阿克莱特有摆脱现状出人头地的野心，而且长于心计、擅于钻营，有着特殊的交易本领和狡猾的经商手腕。

1768年，阿克莱特在靠近普列斯坦中学的一座房子里，制作了第一台纺纱机。在制作过程中曾得到沃灵坦的钟表匠约翰·凯伊（John Kay，不是飞梭的发明者）的帮助。这台全木结构的纺纱机，高约80厘米，与过去怀亚特发明的、经保罗改革的那种纺纱机极为相似。这台机器现在还保存在南肯津坦科学博物馆中作为实物展览着。阿克莱特打算干一番大事业，他得到了地方银行经营者莱特（Wright）兄弟

图5-5　阿克莱特

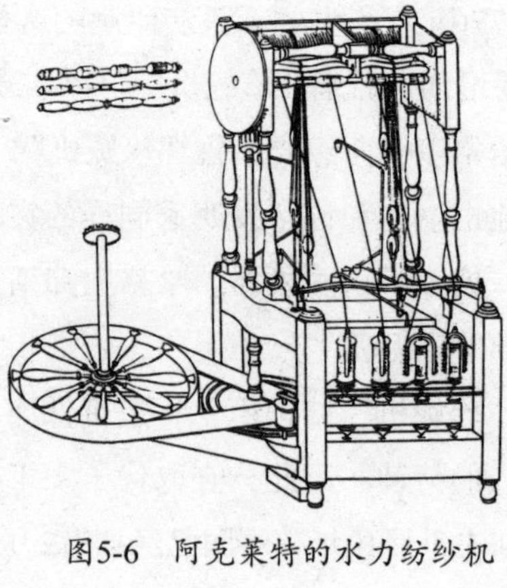

图5-6　阿克莱特的水力纺纱机

的帮助，在诺丁汉创建了纺纱厂。这个工厂中只有几台用马驱动的机器，规模并不很大。1771年，他与富有的针织品批发商尼德和杰迪代亚·斯特拉特（Jedediah Strutt，1726—1797）签订了合作契约，在德比（Derby）近郊克洛姆福德建立了第二座纺纱厂。这里有一条达温特河，水量丰富、水流湍急，适合建立利用水车为动力的磨坊（机械工厂）。

克洛姆福德的纺纱厂在很短时间内就发展起来了，1779年已拥有几千个纱锭，300多名工人。工厂中安装的靠水力驱动的纺纱机，为了和手摇的“珍妮机”相区别，起名叫“水力纺纱机”（Water frame）。这种纺纱机纺出的纱，比最熟练的纺纱工所纺出的纱强度更大更结实。用这种纱织出来的布，比印度棉布质量还要好。1773年，阿克莱特和他的投资者在德比建立了一座织布厂，最先开始了纯棉白布的生产。

图5-7　英国地图

图5-8 克伦普顿的“骡机”

1775年，阿克莱特取得第二项专利，但是有人对这个专利提出了异议。1785年，多数证人指出这种机器不是阿克莱特独创的，而是利用他人已经发明的东西拼凑起来的，结果专利被宣布无效。

1776年，阿克莱特在克洛姆福德和德比之间的贝尔帕建立了第三座纺纱厂，继而在兰开夏也建立了许多工厂。其中在乔利（Chorley）附近的巴凯卡建立的工厂，是当时英国纺纱厂中规模最大的一座。1779年，工人发生暴动将其烧毁了。

阿克莱特为建设大工厂、招募从业工人、培训新的操作方法、制订工厂的规章制度而精力十足地到处奔波，从他身上可以看出不同于一般技师或商人的那种大企业家的风度。从18世纪到19世纪，兰开夏和德比的所有工厂，都是以阿克莱特的工厂为楷模建立起来的。

涉及发明纺织机械的还有织布工萨米埃尔·克伦普顿（Samuel Crompton，1753—1827），他研制出能纺出细而结实的棉纱的“骡机”。机械工理查德·罗伯茨（Richard Roberts，1789—1864）进一步改革了纺纱机，使之能够自动调节纱锭在绕纱时的回转速度。至此，产业革命时代纺织机械的发明遂告终结。

V-2 蒸汽机

从16世纪到17世纪，随着时代的演进，科学和技术逐渐有了进步。人们研究自然现象、发现自然规律的积极性高涨起来，对自然界的观察也显得十分活跃。同一时期，人们对技术方面的许多新设想开始进行种种尝试。巴本（Denis Papin，1647—1712）和惠更斯（Christian Huygense，1629—1695）制造了汽缸和活塞，并着手进行使火药在汽缸中爆炸，或是从外部加热汽缸中的水使之生成蒸汽，从而驱动活塞的实验。但是，当时的这些实验，尚未达到实际应用的地步，直到后来利用汽缸和活塞结构制成的蒸汽机和内燃机，才作为动力源对人类生活产生了巨大作用。

以提高人们的生活水平为目标，日用品的生产有了很大发展。自16世纪中叶起，炼铁业、玻璃业、金属业、酿造业等逐渐兴旺起来。由于这些产业一向以木材为燃料，因此英国的森林资源逐渐减少，后来，便不得不以煤炭取代木材。这样，英国自16世纪到17世纪间，家庭和工业用的燃料便从木材转向了煤炭。

1538年，英国煤炭年产量只有20万吨，1640年剧增到150万吨。制盐、造船、印染等所有工业部门都开始使用煤作燃料。为了改烧煤炭，还必须研制与燃烧木材不同的新装置。例如在家庭里烧煤，需要改造火炉和烟囱，这样就要对房屋结构进行改革。

煤炭的利用刺激了金属业和建筑业的发展。英国生铁产量迅速增加，1780年为10万吨，1800年为25万吨，1820年为43万吨，到19世纪30年代初已达69万吨，40年代初猛增到128万吨。特别是1830年以后，由于各地都在兴建铁路，钢铁的需要量进一步增大。

【矿井排水问题】

工业的兴旺发达需要大量煤炭作为生产的燃料，煤井也就越挖越深，其他矿山的情况也是如此。矿井愈往深处挖掘，就愈容易渗出地下水。以前是靠水泵把地下水抽到地面上来的，使用风力、水力或人力、畜力作为水泵的动力。当地下水量不多时用这些办法尚可奏效，但是随着矿井深度的增加，渗出的地下水越来越多，上述办法已经无济于事，因此必须采用更强大的动力。为了适应生产上的这种要求，出现了蒸汽抽水机。

1698年，托马斯·塞维利（Thomas Savery，1650—1715）发明了利用蒸汽压力把水抽上来的抽水泵——“矿山之友”。其工作过程是在容器中通入蒸汽，使蒸汽在容器内冷却凝结，利用形成的真空把矿井中的水抽上来。这种抽水泵虽然设想得很巧妙，但对30米以下的地下水就无能为力了，而且还有爆炸的危险，因此仅在康沃尔（Cornwall）矿山等个别地方使用过。

1712年，托马斯·纽可门（Thomas Newcomen，1663—1729）发明了大气压蒸汽机。这种机器采用了汽缸活塞结构，工作时首先把蒸汽导入汽缸内，当活塞被蒸汽顶到汽缸上端时，往汽缸内注入冷水，使

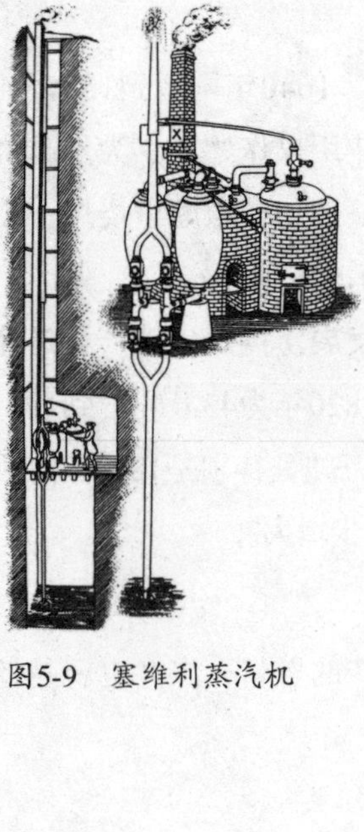

图5-9　塞维利蒸汽机

图5-10　纽可门蒸汽机

蒸汽冷却凝结降低汽缸内的压强，于是活塞便在大气压的作用下开始下降，这时与活塞相连的水泵活塞便随之上升。在活塞下降到一定程度时，蒸汽再次被导入汽缸内，如此往复动作，驱动水泵把水不断地抽上来。当时这种蒸汽抽水机得到了广泛的应用。1765年前后，在莱茵河和维尔河沿岸的矿井里，有一百多台这种机器在运转，有力地保证了采煤生产的顺利进行。

【瓦特的发明】

从苏格兰的政治文化中心爱丁堡，乘火车西行大约1小时就能到达苏格兰最大的城市格拉斯哥。那里是工商业中心，也是詹姆斯·瓦特（James Watt，1736—1819）发明蒸汽机的地方。

图5-11　瓦特

以发表《富国论》而闻名的亚当·史密（Adam Smith，1723—1790）是格拉斯哥大学的教授。当时正是提倡加强学校经营管理的18世纪中叶，史密雇佣瓦特为“大学雇佣的教学机械制造者”。瓦特在大学的院内开设了一间小的实验室，负责制作和修理教学仪器。

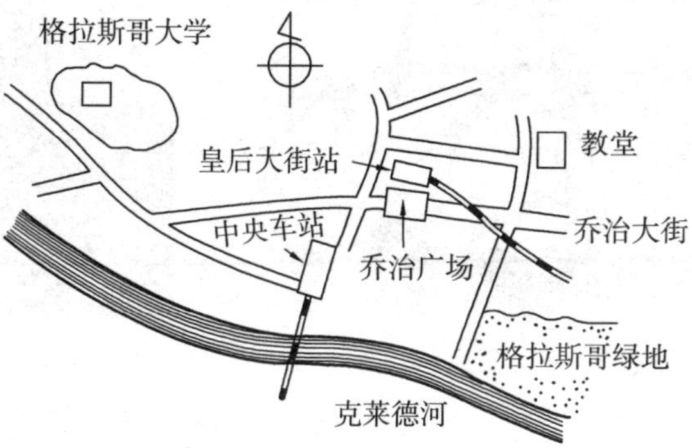

图5-12　格拉斯哥地图

现在的格拉斯哥大学坐落在市区西北的一座小山上，当年瓦特在开设修理作坊的时候，这所大学位于皇后大街火车站前的乔治广场以东不远的地方。它是1451年创办的闪耀着古老光辉的高等学府。

1763年，格拉斯哥大学的约翰·安德逊（John Anderson）教授委托瓦特修理纽可门大气压蒸汽机模型。瓦特对于蒸汽机所知不多，只是在2年前使用过巴本的高压蒸汽锅，做过有关高压蒸汽的实验。但是，他对这台纽可门蒸汽机产生了浓厚兴趣，仔细研究了这种机器的动作方式，并很快修好了它。通过实际运转，他发现这种机器效率很差，只两三个冲程就停止不动了。瓦特追究其原因，觉察到用蒸汽反复加热汽缸、靠冷水使之冷却的办法是不合理的。

瓦特观察了在不同压力下水的沸腾现象，发现一定量的水在1个大气压力下变为蒸汽时，其体积扩大了1800倍。那么，采用什么办法才能在保持汽缸处于高温状态下使蒸汽凝结呢？瓦特曾经对他所崇拜的格拉斯哥工匠罗伯特·哈特（Robet Hart）说："我是在格拉斯哥绿地上想出解决这个问题的办法的。在我外出散步时，一直在考虑有关汽缸的问题，脑海中闪现出这样一个想法：蒸汽是具有弹性的物体，因

图5-13　瓦特蒸汽机

图5-14　拉夫伯勒（Longhborough）工业大学保存的瓦特蒸汽机

图5-15　格拉斯哥大学

此有可能突入真空中。如果把汽缸与处于冷态的排气容器直接连在一起，让蒸汽进入排气容器中而不使汽缸冷却，那么，蒸汽也就可以凝结了。”

1765年5月间，瓦特提出了独立安装冷凝器的想法，他立即制作了实验装置并进行了实验。直到1769年以后，瓦特才把这一设想变成了现实，成功地制造出蒸汽机。这台最早的蒸汽机，是在爱丁堡附近的金尼尔住宅中装配起来的，其汽缸直径为18英寸，冲程5英尺，是装有冷凝器的单缸发动机。

V-3　机床

1851年，组装计算机的英国人查尔斯·巴贝奇（Charles Babbage，1792—1871）曾经指出：“为了制造性能良好的机器，必须要有可靠的制造机器的机床。掌握机床技术的每一个人，都应该懂得制造机器的要领，而能够设计和制造机床的人，总是站在生产技术的最前列。”

始于阿克莱特纺纱机的工业生产的机械化，如果得不到机床技术的支持，是一步也不能前进的。

图5-16 位于索霍的波尔顿—瓦特工厂

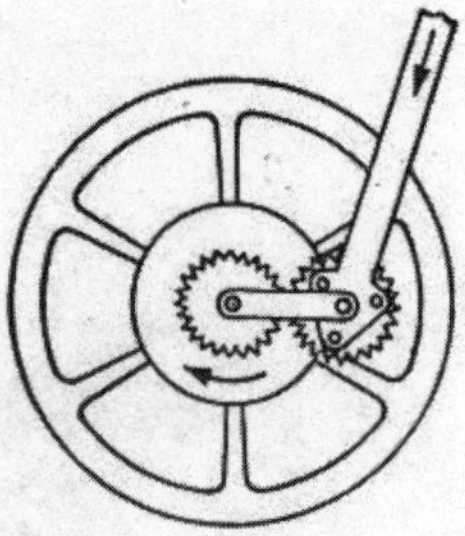

图5-17 行星齿轮装置

自从瓦特发明的蒸汽机作为工厂动力使用之后，工厂的形式发生了巨大变化。蒸汽机是比水车更强力的动力源，但是制造起来却比制造水车困难得多。蒸汽机的各部分必须尽可能按准确的尺寸加工，而且由于其输出功率大，各个部件还必须有足够的强度。同时，蒸汽机所带动的机械也必须具有一定的耐受力。

把蒸汽力变为往复运动的汽缸和活塞，必须细心加以装配。汽缸的内壁要加工成准确的圆筒形，与汽缸相接触的活塞外圆的切削加工，便成了关键性问题。在汽缸内壁的加工方面，威尔金森（John Wilkinson，1728—1808）设计的镗床发挥了重要作用。

瓦特的蒸汽机极适合作为工厂动力使用。因此，以纺纱厂为首，其他工厂也逐渐使用了蒸汽机。工厂中原有的许多木制机械强度很差，用蒸汽机一带动就摇摇晃晃，因此这些机械均需要改用更坚固的金属材料来制造。同时，蒸汽机本身也不能使用木材，只能使用金属材料。为了制造蒸汽机和其他机械，必须有能够加工金属的坚实耐用的机床。

在产业革命中，英国造就了一大批机械技术人才，他们从少年时代起就在工厂中劳动，学习掌握各种技术，研究新型机械，并日以继夜地进行试制改进。最初，他们观察师傅们的工作情况并加以模仿，

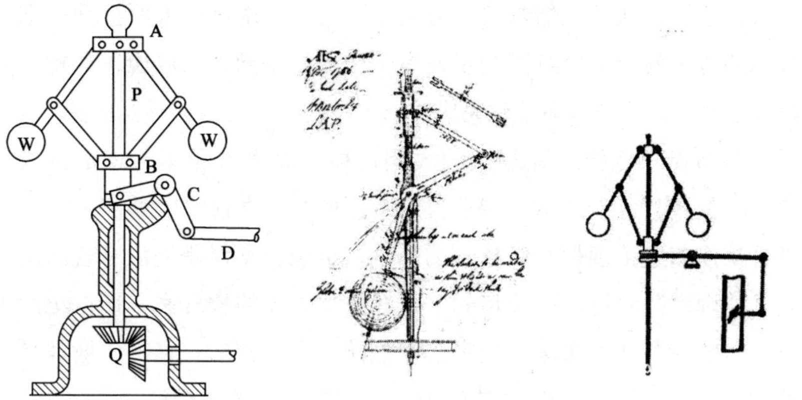

图5-18　离心调速机

再经过长时间亲手制造机器的实践，最后才能独立创办自己的工厂，制造新式机械。

从18世纪后半叶到19世纪，许多杰出的机械技师成为推进英国工业向前发展的基本动力。这样一来，英国在这个时期很快成为世界上最先进的工业国。

随着工业技术的进步，人们的生活逐渐富裕起来，社会结构也发生了明显变化。长时期统治欧洲各国的封建主义体制，在工业发达的英国首先崩溃，由资本主义体制这一崭新的社会结构所取代。这种倾向从英国开始逐渐扩展到世界各国。

【英国工业的推进者】

在英国产业革命时期，有不少人把一生都献给了工厂的技术事业，他们以极大的热情投身到发明和改革机器的工作中。像约瑟福·布拉默（Joseph Bramah，1749—1814）、亨利·莫兹利（Henry Maudslay，1771—1831）、约翰·威尔金森、约瑟福·克莱门特（Joseph Clement，1779—1844）、约瑟福·惠特沃斯（Joseph Whitworth，1803—1887）、理查德·罗伯茨、詹姆斯·内史密斯（James Nasmyth，1808—1890）

等人，都是活跃在机器制造方面的重要人物。由这些人所推动的基本技术的进步发展，使英国的工业有了巩固的基础。可以说，瓦特的蒸汽机也是以这些技术为基础完成的。

制造像蒸汽机那样复杂的大型机械，靠手工操作方式是难以实现的。莫兹利首先改革了制造机器常用的车床，使之能够加工精密部件，从而奠定了现代车床技术的基础。莫兹利不仅是一位有着高超技艺的技师，同时也是一位培养了众多技术人才的教育家。19世纪前半叶，号称英国三大机床制造家的罗伯茨、内史密斯、惠特沃斯都是莫兹利的高徒。莫兹利本人年轻时曾在布拉默手下当过学徒。

【莫兹利的师傅布拉默】

瓦特和史蒂芬森（George Stephenson，1781—1848）的名字，在英国几乎无人不晓。可是提起布拉默来，许多英国人并不十分了解。布拉默是活跃在18世纪的机械技师，是个极其多才多艺的人物。

1749年，布拉默出生在约克的斯泰巴拉，家中世代务农。布拉默早年当了木匠，后来去伦敦从事机械制造。因工作关系他常到一些富人家去，那里的水洗便器引起了他很大的兴趣。据说，水洗便器最早是1596年由一个名叫哈林顿（Harrington）的人在自己家里安装成功的。

布拉默对城市的下水处理以及对农村排泄物的处理问题很关心，他着手改革便器，于1778年他29岁时，获得了水洗便器的专利。

图5-19　布拉默

【锁的制作】

布拉默的技术涉及范围很广，在制作水洗便器的同时，他还对水道阀门进行了改革，并制造了抽水泵等机械。

在西欧人的生活中，锁和钥匙是必

图5-20 布拉默的水洗便器

图5-21 锁

需品。当时制作锁和钥匙是铁匠铺的营生，人们关心的是如何制造出任何手艺人都很难打开的锁，布拉默也在研制这种锁。1784年，布拉默发明了性能胜过以前任何一种锁的新型锁，这就是我们今天仍在普遍使用的圆型暗锁。1794年，布拉默在自己的店铺里展出了这种锁，并把写着“如果谁能打开这只锁，我甘愿奉送200英镑作奖励”的招牌立在旁边。这吸引了很多人前来试图打开这只锁，但是没有一个人能成功。直到1851年，这只锁才由一个美国锁匠花了16天的时间用工具勉强打开。

布拉默的制锁手艺成了人们议论的中心话题，很多人到他的店铺去定做锁，其生意大为红火。为此布拉默想雇佣技工帮助他，便委托一位工匠替他物色。这位工匠就把当时只有18岁的亨利·莫兹利介绍给了布拉默。虽然莫兹利岁数不大，但是已经是一个公认的技术高超的工匠了。布拉默打算能制作出既精密又价格低廉的锁，他看出在这个年轻人身上完全具备他所要求的技术素养，于是就雇佣了他。

莫兹利原来在考文垂兵工厂从事金属加工工作，在那里度过了他学习基本技术的时期，并在金属加工技术方面显示了卓越的才能。莫兹利熟悉各种工具的使用方法，在机器零件的加工上更是胜人一筹。当年莫兹利制作和使用过的直角尺和卡钳，被人们一直保留至今。

布拉默出身于贫苦的农民家庭，对此他始终牢记在心。此外，他还具有一种宗教性的善良心地。因此，在他手下工作的莫兹利，在技术方面和精神方面都受到了师傅的良好影响，迅速成长为一名优秀的工匠。

【莫兹利的成长】

19世纪初，英国加快了工业化步伐。瓦特发明的蒸汽机与以前使用的任何动力机械相比，其输出功率都要大得多，是一种具有很强做功本领的动力机。阿克莱特等人建立纺纱厂并在这些工厂中使用蒸汽机作为动力，不仅促进了生产的发展，也导致了社会的巨大变革。可以说，蒸汽机的使用是人类历史上划时代的重大事件。

英国各地先后建立了一批制造、改革纺织机械和蒸汽机的小型工厂。蒸汽机以及由它驱动的纺织机械与传统的木制机械不同，它们的所有部件都必须是铁制的，而且是大型的。大件金属材料的加工靠手工是办不到的，钟表匠使用的小型车床也根本用不上，需要有能够加工质地坚硬、尺寸更大的工件的机床。默里（Matthew Murray，1765—1886）、布拉默、莫兹利、罗伯茨、沃康松（Jacques Vaucanson，1709—1783）、克莱门特、内史密斯和惠特沃斯等工匠们，在他们的工厂中进行了各种机床的发明和改革工作。

默里出身锻工，制造过纺织机械和蒸汽机，还发明了龙门刨床。布拉默学习过木工，发明了水洗便器，后来开始制锁，并与莫兹利合作改革了车床。莫兹利则培养了罗伯茨、克莱门特、惠特沃斯等许多领导英国工业界的徒弟。

亨利·莫兹利于1771年8月出生在伍尔威奇（Woolwich），他父亲也叫亨利·莫兹利，是个退伍军人。莫兹利小时候基本上没受过什么教育，从12岁起就去做工，在伍尔威奇兵工厂制造枪弹。两年后进入造船厂，在木工房干活，但是他感兴趣的还是锻工。15岁时，他开始到离家不远的锻工作坊里，学习用锤子加工铁制品。这种工作对莫兹利而言极有魅力。他不断学习，很快就熟悉了锻工技术，练就了一身金属加工工匠所必备的全面技能。他后来在金属加工方面的成功，是与这一时期在锻工作坊的锻炼分不开的。老工匠们对莫兹利做了如下评价："什么工具他用起来都得心应手，即使是使用18英寸的锉刀，他也有很高明的本事。"

【莫兹利的独立】

莫兹利在布拉默手下制锁，同时还制造了各种机械。1849年，布拉默的朋友约翰·费尔雷（John Fairey）回忆当年的情景时说："在布拉默的秘密工厂里，有几台新奇的机器，这是当时其他同类工厂中所没有的，这些机器都是由莫兹利制造的。"

1793年，莫兹利与布拉默家中的女佣人萨拉·廷代尔（Sara Tyndale）结了婚。1797年，由于家庭人口增多，莫兹利要求增加工资，但是遭到布拉默的拒绝。无奈之下，莫兹利离开了工作8年的布拉默工厂，在牛津附近的威尔士大街建立了自己的新工厂，开始独立经营。当时莫兹利只有26岁。

自立后的第一批主顾是前来定做新式铁画架的艺术家们，接连不断的订货使莫兹利的名声逐渐传开。不久，他的工厂就显得太狭窄了，遂于1802年搬到珍珠大街（margauerite street）。他将工厂规模扩

图5-22　莫兹利

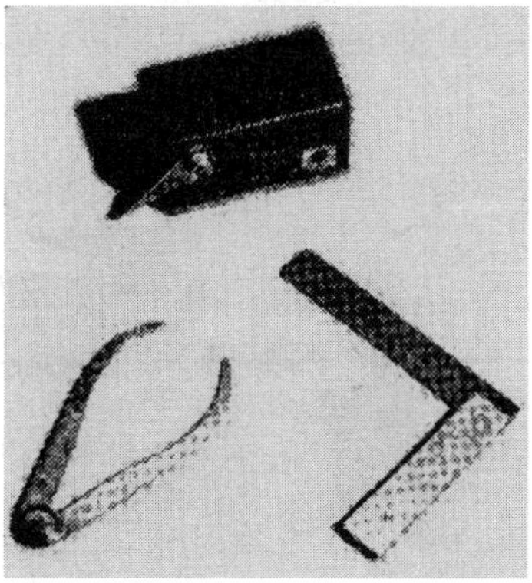

图5-23　莫兹利使用过的工具

大，雇佣了80名工匠。

【车床的发明】

在金属加工中要经常使用车床。以前钟表匠们就曾制造过各种类型的车床，但是这些钟表车床大多是安装在桌子上的小型脚踏车床，而工业上使用的车床又几乎都是木制的，仅在卡盘部分使用金属材料。

莫兹利于1797年制造出了全金属的大型车床，床身上装有滑座刀架，用来固定切削工具。滑座刀架与一根粗大的丝杠啮合，通过丝杠的旋转带动滑座刀架沿床身左右移动。

滑座刀架上安装有手柄，摇动手柄可以使固定在上面的刀具垂直于床身前后移动。这种装置在进行切削加工时，便于确定吃刀量。

以往的车床通常需要工匠们把刀具拿在手里进行加工作业。要想通过这种方法按正确尺寸加工产品，必须凭借技艺娴熟的工匠的直觉和经验。而莫兹利发明的车床，由于刀具固定在刀架上，而且能自动进给，即使是经验不足的工人也能加工出尺寸正确的产品来。

莫兹利制造这台车床是为了用它车制尺寸准确的螺纹。他用几个齿轮把主轴箱与丝杠联结起来，当运动传递给安装在主轴箱轴上的皮带轮时，由于它的旋转而把运动经齿轮传给丝杠。只需更换不同直径的齿轮，即可以改变丝杠的转速。具有这种结构的车床，可以自动加工不同螺距的螺纹。可以说，这是一台划时代的车床，也是现代车床

图5-24　莫兹利制造的全金属车床

的锥形。这种车床在莫兹利工厂中一直秘密使用着。1832年，美国工匠塞勒斯（William Sellers，1824—1905）访问莫兹利工厂，后来他讲述了当时的情景：“菲尔德（Cyrus Field，1819—1892）先生十分亲切地带领我们参观了莫兹利的车床和其他机器，令人最感兴趣的是加工标准螺纹的机器。他所发明的切削螺纹的车床，堪称一切车床之父，这是一种靠齿轮的组合而能切削不同螺距螺纹的绝妙的机器。”

【螺旋的应用】

螺旋的应用范围很广。可以说，不使用螺旋的机械是没有的，在我们的日常生活中也大量地使用着螺旋。因此，自古以来人们就千方百计地制造螺旋。古代亚历山大城的希罗曾提出使金属丝在圆木棒上盘绕成螺旋状而制造螺旋的方法。后来，钟表匠们一直手工制造钟表用的小齿轮和螺旋。

莫兹利最早制造出了能准确加工螺旋的机床。其加工方法是：先用小刀紧贴在旋转的硬木棒或软金属圆棒上，小刀便在圆棒表面刻下螺旋状的痕迹，然后再用刃具沿螺旋线切削成螺旋。

莫兹利制造了固定刀具的刀架，并设法能精确地调节刀架的位置，以便切削出正确尺寸的螺旋来。据内史密斯讲，他最初的工作是协助莫兹利修整1829年早期制造的螺旋切削机床的细部。

图5-25　莫兹利的工厂

莫兹利研究了正确加工螺旋的方法，并设计出使用螺旋的各种机械，对提高加工精度做了许多非常重要的工作。其中一项是19世纪初制作的准确测量尺寸的千分尺。这种千分尺的结构是这样的：在经过精密加工的螺旋的一端装有尺寸测量头，另一端则装有一个圆盘，圆盘四周有100等分的刻度。由于螺旋的螺距是百分之一英寸，因此圆盘上的刻度恰好是测得的尺寸，其精度可达万分之一英寸。

利用螺旋测定长度的方法，不是莫兹利首先提出的。早在17世纪，威廉·盖斯科因（William Gascoigne，1621—1644）为了移动望远镜的目镜就利用过这种方法。此外，工厂中使用的能读到1/1800英寸的测微器，则是由詹姆斯·瓦特在1770年制造出来的。

莫兹利的改进提高了千分尺的精度，使之能简捷而准确地测量工件的尺寸，这项工作对提高机械本身的性能起了很大作用。

【平面的制作】

莫兹利的工厂还制作了极为平整的标准平面，作为加工工件平面的基准面使用。车床床身就必须是极为精准的平面，这对于保证滑座刀架的平稳移动是十分重要的。另外，蒸汽机滑阀的启动部位也要求是平面。

长期以来，制作平面都是靠锉刀尽可能把粗糙表面加工得平整，这要求工匠要有长年累月形成的丰富经验。

莫兹利的工厂在制作标准平面时，先同时做成三个平面，然后通过这三个平面的互相研磨制出真正的平面来。两个平面互相研磨，有时会出现一个凹一个凸，而用三个平面互相研磨，就避免了这种不足，并可以同时研磨出三个平面来。用内史密斯的话说，这种方法是“空前的绝招”。莫兹利的工厂发明的这种用三个平面互相研磨的方法取代了以前的磨制方法，成功地制出了标准平面。

莫兹利身高6英尺2英寸，有着仪表堂堂的体魄和一双炯炯有神的眼睛。他语言幽默，性情活泼，性格豪爽，待人接物态度亲切，无

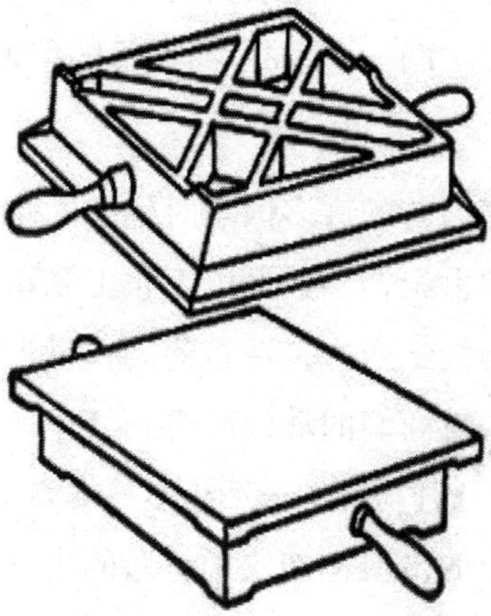

图5-26　平台（平面）

论是谁和他初次打交道都会感到非常融洽，因此他有很多至交好友。

莫兹利对朋友和徒弟都能诚恳相待，对处于逆境中的人也能热情地接近。1831年1月，为了探望病中的朋友，他前往意大利的博洛尼亚并在那里住了一个星期，直到朋友的病情好转。后不幸在归途中患了流行性重感冒，于1831年2月15日在兰贝斯去世。按照他生前的设计图，人们在圣·迈里教堂里为他修建了坟墓。

【推进精密加工的人们】

莫兹利的一生，为机械加工技术的进步竭尽了全力，同时还培养出许多优秀的机械技术人才。莫兹利本身所表现出来的对机械技术的热情，给了和他一起工作的其他工匠很大的影响。

在莫兹利工厂工作过的许多人，后来都成了领导英国工业界的优秀的技术人才。这些人中有从事精密机床制造工作的约瑟福·克莱门特，有发明船用发动机的詹姆斯·苏厄德（James Lindsay Seward，1813—1886），有制造机床的威廉·穆尔（William Moore，1736—1793），有创办机车工厂、发明自动纺纱机、使纺织机最早付诸实用的理查德·罗伯茨，有成为19世纪最大的机床制造商的约瑟福·惠特沃斯以及建立了许多机械工厂、发明了蒸汽锤的詹姆斯·内史密斯等。

【镗床的改革】

18世纪，以英国为首的许多国家对棉布的需要量逐渐增大。兰开夏郡的纺织业，在18世纪初多数是由织布工和纺纱工在各自的家庭作坊中进行的。到了18世纪中叶，棉布的需要量虽然在不断增加，但是棉布的进口却由于呢绒商们的动议而遭到禁止，于是增加国内棉布产量成了当务之急，而兰开夏郡的手工纺车根本满足不了这种要求。

约翰·凯伊发明的飞梭，加快了织布的生产速度，致使纺纱工很难满足织布工的需要。在纺织工业上使用机器的尝试始于18世纪初，但是，由于当时销售市场狭小而没能推广开来。到了18世纪中叶，随着棉织品需要量的增加，许多工匠在变手工操作为机械化生产的过程中取得了可喜的成果。1764年哈格里弗斯制成了珍妮机，1769年阿克莱特发明了水力纺纱机，1779年克伦普顿发明了骡机（mule）。

为了增加产量，历来用人手驱动机械的办法已经无济于事，于是人们开发利用了强大的水力。1785年，瓦特蒸汽机作为工厂的动力得到了广泛的应用，由此迎来了英国产业革命的决定性阶段，近代工业生产的基础得以确立。

18世纪的工匠们，为工业的发展付出了极大的努力，他们改革了纺纱机和织布机，制造了蒸汽机。但是，在必须以很高的精度制造这

图5-27　斯米顿的镗床

图5-28　威尔金森的镗床

些机器的过程中，他们面临着许多难以克服的困难。

斯米顿（John Smeaton，1724—1792）在加工纽可门大气压蒸汽机的汽缸时，710毫米的汽缸内径产生了13毫米的误差，这在当时是无可奈何的。斯米顿曾抱怨说："既缺少具有足够精度的制造这种复杂机器的工具，又没有技术高超的工匠。"

图5-29 威尔金森

威尔金森于1775年改革了斯米顿发明的镗床，提高了它的加工精度。1776年，瓦特在给斯米顿的信中写道："威尔金森先生对加工汽缸的镗床技术进行了改革，结果加工出来的180厘米的汽缸内径，只有一枚很薄的六便士硬币那么厚的误差。"如果没有威尔金森改革的镗床，恐怕瓦特的蒸汽机也不会试制成功。即便是到了1830年，能够做到误差不超过十六分之一英寸的装配工，在机械技术人员中也称得上是个高手。

为了使纺织机械和蒸汽机具备优良的性能，就必须使制造这些机器的机器——机床，既坚固又精确。

【克莱门特和罗伯茨】

莫兹利制造的车床，对后来的机床技术产生了很大影响。要想制造高性能的机器，必须要有高精度的机床。可以说，机床是机械技术的基础。因此，许多人在莫兹利的影响下，为机床技术的发展做出了巨大贡献。除车床外，他们还致力于其他机床的发明和改革，广泛地深入到以机械技术为主体的各个领域中，由此构筑了今天机械技术的坚实基础。

正是这样一批人，从18世纪到19世纪对英国机械工业的发展起了指导性的作用。但是，他们大多没有受过学校的正规教育，都是通过在工厂中现场劳动时的切身体验学习和掌握了有关知识和技术。同时，他们还能在实践中充分发挥创造性，从而出色地开展了发明和革新工作。

受到过莫兹利影响的约瑟福·克莱门特，于1779年出生在西摩兰郡的大阿什比，是个手工织布工的儿子。克莱门特的父亲虽然是个手艺人，却具有渊博的知识，是个自然科学的信奉者。他对昆虫学尤其感兴趣，也很迷恋机械，曾自己制作过小车床之类的机器用来加工各种物品。

克莱门特从小就在父亲的作坊里干活，几乎没受过什么教育，只是跟父亲学习了织布机的操作方法。当时手工织机逐渐被淘汰，克莱门特有一段时间曾做过修葺屋顶的工作，但他对这种用草和石板铺盖屋顶的营生并不满意。

克莱门特经常去邻村的锻工作坊学习使用锤子和锉刀的方法，还从伦敦表兄那里借来机械学书籍学习技术知识。后来，他制成了车床等机器，这使他的父亲很惊讶。1804年，克莱门特立志要去城里学习正规技术，后于1807年在格拉斯哥当上了车工，并学会了制图。由于他肯于钻研又十分刻苦，因此在制图技术上没有人能胜过他。

不久，克莱门特离开格拉斯哥前往伦敦，先后在几家工厂里做工，最后来到布拉默工厂。在那里他很快成为全厂最有名的制图工。1814年布拉默去世后，他受雇于莫兹利·福尔德公司，仍做制图工作。当时在莫兹利工厂中还雇佣了另一名工匠，他就是后来发明制造了各种机床的理查德·罗伯茨。

图5-30　罗伯茨

理查德·罗伯茨，1789年出生于北威尔士，16岁时他就在约翰·威尔金森铁工厂当制图工，并开始学习机械技术。正确绘制图纸是一个机械技术人员必备的技

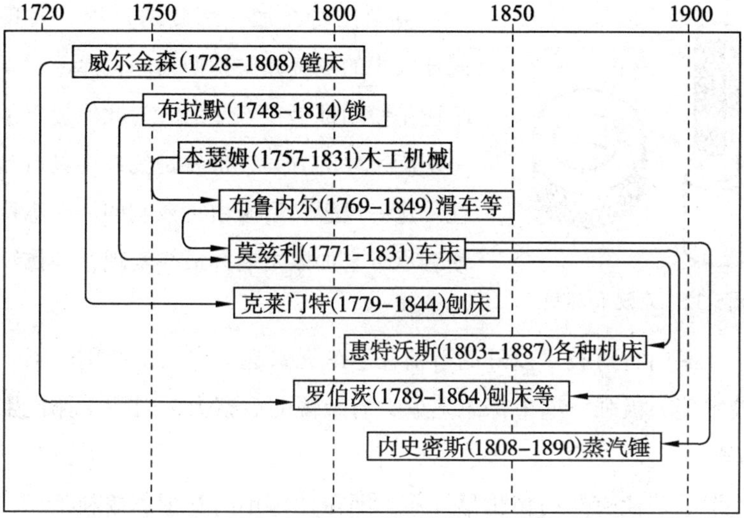

图5-31　师徒关系

能，罗伯茨很早就认识到了这一点，一心倾注在制图学习中。

经过近10年的工厂生活，罗伯茨学习掌握了各种机械技术，最后来到伦敦，进入了当时以工匠优秀著称的莫兹利开办的工厂中当车工和装配工，这时罗伯茨25岁。

克莱门特和罗伯茨，自1814年起一同在莫兹利工厂工作，在那里充分掌握了作为优秀工匠的基础知识。他们后来驰骋于英国工业界的知识基础就是在那一时期奠定的。

1817年克莱门特37岁时，在普罗斯佩特印刷厂租了一间房子开办了个小工厂，以新式工业制图和机械制造为主开始了新的事业。在这里，克莱门特为改革车床花费了很大心血。他年轻时曾从事过螺纹切削、组装带导向螺杆的车床以及为了切制正确螺纹而安装滑座刀架等工作，基于这些经验他设想了车床自动化问题，并且为了加工6～7米长的丝杠，制造了有自动调节装置的车床。此外，克莱门特还有其他多种发明。1827年，他荣获了技术协会授予的奖章。

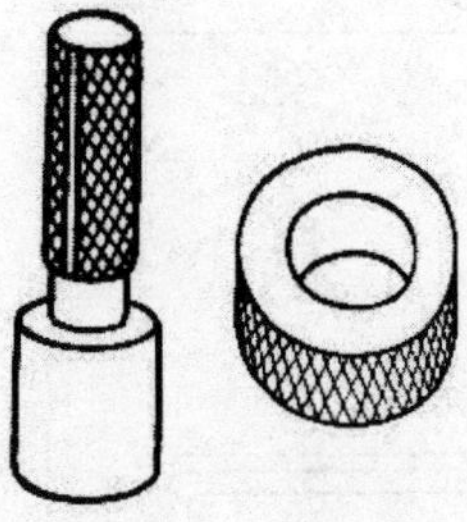

图5-32 塞规和环规

克莱门特在加工螺旋的过程中发现，同样大小的螺旋如果外型相同，无论对于加工还是使用都是很方便的。为此他提出了统一螺旋尺寸的方案，也就是使螺旋具有互换性。这一设想，后来由莫兹利的徒弟惠特沃斯继承下来加以发展并最终实现，即螺纹的标准化。

克莱门特对技术以外的事情几乎毫无兴趣，也很少读别的书。他的技术能力极强，遇事深思熟虑，有敏锐的观察力，对待工作比别人加倍热心。

罗伯茨比克莱门特稍早一些，即在1816年离开了莫兹利工厂，在曼彻斯特兴办自己的事业。他专心致志地改革机床，自己设计、自己制图、自己制作，于1821年建立了装备有自制机床的工厂，开始制造机器。

罗伯茨的主要工作是改革车床和制造刨床。他于1817年制造的刨床安装有刀架，手动操作，可沿水平和垂直方向进刀，而且刀架还能倾斜一定的角度。

罗伯茨为了能方便地测量工件尺寸，最先制成了塞规和环规，进而改革了当时在纺纱厂中使用的走锭纺纱机（即骡机），制造出自动走锭纺纱机。此外，他还制造了蒸汽机车的零配件，并使之标准化，与此同时又设计了装有差动齿轮的蒸汽车。在钻孔机、剪切机、螺旋桨、蒸汽船、锅炉、救生艇等多种机械制造方面都留下了他的业绩。

但是，罗伯茨缺乏经营事业的才能，晚年生活贫困，且一直没有好转。1864年，罗伯茨孤苦地离开了人世。

【惠特沃斯】

1851年，伦敦举办了第一届世界博览会，会上展出了当时所制造的许多最新产品。这些展品中，涉及车床以及龙门刨床、牛头刨床、钻床、模压机、剪板机、螺纹切削车床、切齿机、螺母加工机等23种机床，这引起了人们的极大兴趣。莫兹利的徒弟约瑟福·惠特沃斯就是这次博览会上令人惊叹的人物之一。

图5-33　惠特沃斯

惠特沃斯是斯托克波特（Stockport）地方一个教师的儿子，14岁时就进入他叔父经营的棉纺厂当见习工，开始接受机械技术的基础训练。后来，他辗转于曼彻斯特和伦敦的机械工厂，增长了有关机械技术的知识。惠特沃斯22岁时，在莫兹利工厂制作了平面。其方法是采用三只铸铁平面，先在其中一只上涂上用油调和的章丹，然后把另一只平面扣在上面缓慢移动，再将沾上章丹的部位用刮刀铲掉，经多次反复操作，从而制成极其平整光洁的三只平面。用三只平面互相研磨制作平面的方法，是惠特沃斯的一个创举，自那时起直至今天，工厂中制作平面仍然采用这种方法。

惠特沃斯在莫兹利工厂呆了4～5年，有一个时期曾转到克莱门特工厂。1833年，他在曼彻斯特创办了自己的工厂，当时他33岁。

【测长仪的设计】

在曼彻斯特的工厂里从事机械器具制造的惠特沃斯，曾完成了一项对后来的机械制造业产生深远影响的发明，这就是1856年他研制的能精密测定长度的测长仪。以往测量长度，是将尺接触到被测物体上读出刻度来。这种方法测出的数值不会十分精确，而使用惠特沃斯设计的测长仪，甚至可以准确地测出万分之一英寸的长度来。

惠特沃斯还进一步设计制作了塞规和环规，使任何人都能简便而且相当准确地进行测量。使用这些测量工具制作零件，可以使机械零

图5-34　测长仪

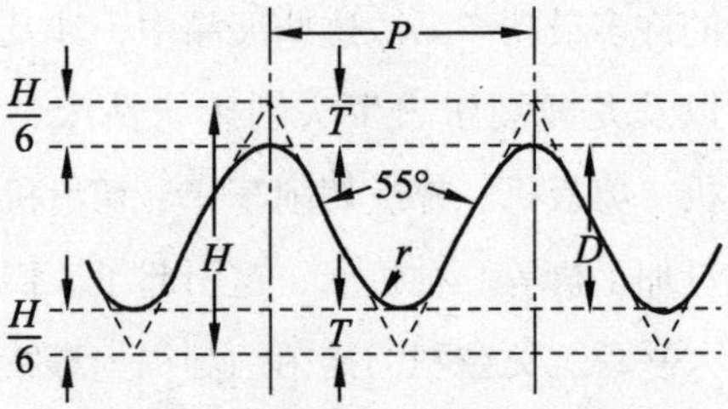

图5-35　惠特沃斯设计的螺纹

件尺寸达到千分之一英寸或者更高的精度，从而开辟了通往精密加工的道路。

【标准螺纹的提倡】

几乎所有的机械都大量地使用螺旋。螺旋的历史由来已久，古代压榨葡萄制取葡萄汁液或是挤压橄榄制取橄榄油时使用的压榨机，就已经利用了螺旋。可见，螺旋和人类的生活是密切相关的。

进入18世纪后，随着产业革命的发展，各种机械被制造出来。这些机械的各个部位无不大量使用螺旋，尤其是在车床进刀装置的活动部位和机械部件的连接部位，更离不开螺旋。为此，人们不断地探讨制造螺旋的各种方法，在制造准确螺距的螺旋方面花费了大量气力。

但是，当时使用的螺旋由于制造者的不同，其尺寸、螺距、截面形状各不相同。因此，当一台机器使用的螺旋破损或丢失时，手头上现成的螺旋往往是用不上的，必须按照这个破损螺旋的螺距、截面形状重新加工，这样做带来了种种不便。

最早想改变这种状况并付诸实现的人是惠特沃斯。他调查了当时使用的各种螺旋的尺寸，综合其结果，制订了统一的标准螺纹形式。1841年，他在英国土木学会会刊上公布了这一形式，并建议今后在制作螺旋时使用规定的标准尺寸。英国工业规格标定协会在此基础上确定了螺纹规格，从此以后，螺旋就按这一标准尺寸统一化了。

【詹姆斯·内史密斯】

图5-36 内史密斯

詹姆斯·内史密斯1808年出生在苏格兰的爱丁堡。父亲亚历山大·内史密斯（Alexander Nasmyth，1758—1840）是爱丁堡一位小有名气的艺术家，结交了许多知名人士。

内史密斯9岁进入爱丁堡中学读书。3年间学习了文法和拉丁语。然而，在父亲的工作室里使用工具制造机器对于他而言比在学校读书更有吸引力。他生来心灵手巧，喜欢用脚踏车床制造各种物品。

1821年，英国开办了第一所技术专科学校——爱丁堡工艺学校，13岁的内史密斯立即进入这所学校学习，5年间掌握了技术理论和实践知识。由于这所学校是夜间上课，因此内史密斯在这段时间里，白天还作为爱丁堡大学的旁听生，学习数学、几何学、化学等自然科学知识。

专科学校毕业时，内史密斯已经是一名出色的机械工了。1829年，他试制的蒸汽船曾在苏格兰工艺协会中展出，显示出了他卓越的技术才能。从此，他的名字在爱丁堡传扬开来。

【内史密斯的修业时代】

莫兹利晚年脱离了机器的发明、制造、改革工作，而专心于天文学的研究，过着悠闲自得的生活。但是，他留任了莫兹利·福尔德公司经理的职务。据说他到了58岁还没有物色到一个中意的徒弟。就在这时，他对特意找上门来的内史密斯的技术才干给予了很高的评价，录用他做了自己的助手。

内史密斯进入莫兹利工厂后，承担了制造小型船用发动机的任务。他发挥了自己卓越的技术才能，设计出加工螺母的铣床。

1830年，从利物浦到曼彻斯特的铁路正式通车。蒸汽机车的运行

是一个划时代的历史事件，人类从此迎来了工业迅猛发展的、充满希望的新时代。

这一年，内史密斯得到了去利物浦的休假机会。在那里他亲眼看到了史蒂芬森的“火箭”号机车并深受感动。在短短三周的旅行中，他遍访了曼彻斯特、达德列、伯明翰等地，参观了一些工厂，其中包括詹姆斯·瓦特的索霍工厂。

1831年，莫兹利结束了他60岁的一生，这时内史密斯在莫兹利手下工作还不到两年时间。莫兹利去世后，内史密斯暂时给莫兹利的合作者福尔德当助手。1831年8月，为了建立自己的工厂，内史密斯离开伦敦回到故乡苏格兰。至此，内史密斯结束了自己的修业时代，开始了新的生活。

【蒸汽锤的制作】

内史密斯离开莫兹利工厂后，在家乡爱丁堡建立了工厂。这是一座面积只有33平方米的小厂。在这里，内史密斯开始制造蒸汽机，并为此自制了必要的机床——龙门刨床，把这个工厂逐渐装备了起来。

内史密斯的工厂最初只有四五个工匠，但是经营十分顺利。不久他把积蓄的资金投向曼彻斯特，在那里租了一幢五层楼中的两层作厂房，面积约有300平方米，并使用街道上的大型水车作为工厂的动力。

当时，英国的工业呈现出一片兴旺景象，到工厂中定做机械的人蜂拥而至，特别是在利物浦—曼彻斯特铁路通车后的一段时间，对机床的需求量大为增加，内史密斯的工厂也承揽了大批订货，境况喜人。在这种情况下，工厂中的工人数量显得严重不足。工人的薪金不断上涨，然而却出现了薪金提高后劳动效率反而下降的现象。

薪金提高了，工人们的喝酒钱也就多了，出现了本该星期一上班却拖延到星期三才去的情况。这种无规律的工作状态对雇佣者来说是很不利的。内史密斯认为，要摆脱这种困境，只有把传统机器改革成自动化机器。于是，他把龙门刨床、钻床、打孔机、开槽机等几乎全部改成了自动化机器。

内史密斯说："机器不会喝酒，机械手也不存在因震动而损伤的问题，机器不需要休息，也决不会举行要求提高薪金的罢工。"他还记述道："我的生意很兴隆，大批订货合同纷至沓来。受利物浦—曼彻斯特铁路通车的刺激，其他铁路干线也开始铺设，曼彻斯特变成了中心集散地，许多工业部门随之繁荣起来。"不久，他的工厂便显得太狭窄，不能适应大量加工订货的需要。同时，也出于扩充设备的要求，内史密斯决心搬迁新址。

在曼彻斯特以西9.6千米的布里奇沃特（Bridgewater），他建立了一座占地面积约23公顷的大工厂，主要制造小型高压蒸汽机。1843年，内史密斯发明了强有力的而且能完成微细加工的近代蒸汽锤。设计这种蒸汽锤是为了锻造"大不列颠"号蒸汽船的设计者要求加工的直径为76厘米的外轮主轴。在1851年的博览会目录上，内史密斯介绍说："使用这种蒸汽锤，既能得到非常大的冲击力，也能使它以勉强击碎蛋壳的力量下落，可以在很大范围内分级调节锻压力。"

1843年，随着英国机械出口的自由化，各个国家都开始订购这种蒸汽锤，特别是俄国，订购了许多蒸汽锤和利用蒸汽锤进行工作的打

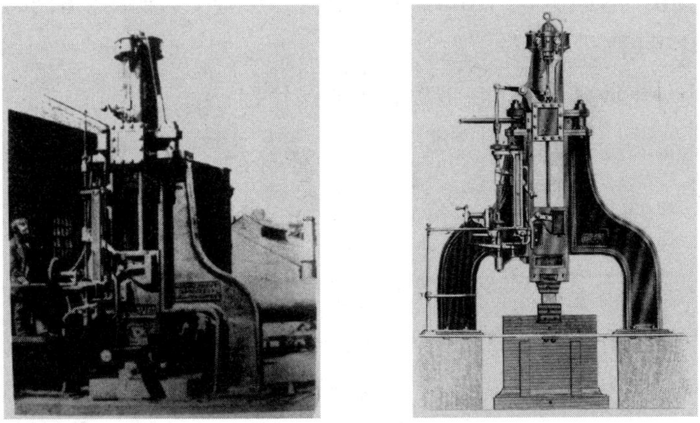

图5-37　蒸汽锤

图5-38　工作中的蒸汽锤

桩机，这使得内史密斯的工厂几乎没有受到经济危机的影响，始终保持着兴旺发达的景象。

【内史密斯的晚年】

随着工厂的大批建立，工人的劳动条件逐步恶化。有些工厂雇佣的年轻工人，一天要工作10~14小时。虽然英国议会制定了“工厂法”，限制了劳动时间，并力图改善劳动条件，但是工人们的生活水平却并没有得到提高。

内史密斯是一个不折不扣的“实力主义”者。他说：“工会不准我雇佣未满7年学徒生活的工人。但是，与其雇佣花费7年时间去掌握技术的工人，不如雇佣只学了2年技术而成绩优秀者更好。工会的主张是庇护那些懒惰者的，这是工业发展的最大障碍。”

他对待工人罢工采取停工闭厂的强硬手段，因而在与工会的斗争中取得了胜利。他在自传中曾写道：“这是实力主义的胜利。”1856年，年仅48岁的内史密斯从工厂经营者的地位上退了下来，直到1890年他逝世为止，一直过着悠闲舒适的生活。

表5-1 世界博览会的历史

年次	举办地点 名称	特色 展品 建筑物
1851	伦敦世界博览会	玻璃与钢结构的大建筑物“水晶宫”，柯尔特连发手枪，蒸汽锤
1853	纽约世界博览会	为促进美国与欧洲的文化交流做出贡献
1855	巴黎世界博览会	克虏伯超大型重炮，辐射状与环状公路组合计划，日用品
1862	伦敦世界博览会	贝塞麦转炉炼钢法实验，橡胶制品
1867	巴黎世界博览会	从产业特征到文化特征——近代博览会原型，日本德川幕府首次参加，奥托煤气发动机
1873	维也纳世界博览会	迪萨因建筑特征，升降机，维也纳大公园，日本政府首次参加，发电机，电动机
1876	费城世界博览会（美国独立100周年）	新型住宅建筑，面向大批量生产的机器，电话机，打字机，缝纫机
1878	巴黎世界博览会	汽车，电灯的大量使用，爱迪生留声机，特洛卡德罗建筑，戴姆勒四冲程引擎
1889	巴黎世界博览会	埃菲尔铁塔，大规模照明，姆斯人的宫殿，吴哥窟等殖民地古建筑再现
1893	芝加哥世界博览会	世界最早的高架电气铁路，短区间活动人行道，希腊罗马式建筑群，人类工程学出现，本茨汽车
1900	巴黎世界博览会	旋转步行道与高架公路，留声机伴音电影，喷泉水城，巴黎大小美术馆，泰勒高速切削钢
1904	圣路易斯世界博览会	汽车160台，飞艇野外飞行
1915	巴拿马太平洋世界博览会（旧金山）	大规模的产业学术馆，旧金山市重建，巴拿马运河通航纪念
1926	费城世界博览会（美国独立150周年）	飞机场、体育场的利用

（续表）

年次	举办地点　名称	特色　展品　建筑物
1930	列日世界博览会（比利时独立100周年）	根据世界博览会公约举办的首次博览会
1933	芝加哥世界博览会（进步的一个世纪）	利用空调机的无窗建筑，以博览会为契机使芝加哥成为“美国会议城”
1935	布鲁塞尔世界博览会	主题为“通过民族的和平”，比利时最大规模的世界博览会，在布鲁塞尔建常设展览厅
1937	巴黎世界博览会	主题为“现代生活中的艺术与技术”，现代主义建筑出现
1939	纽约世界博览会	尼龙、塑料制品，高速公路的大量使用，电视机，录音机
1939	圣弗朗西斯科世界博览会	太平洋上的露天表演，历史上最大的中国帆船
1940	日本世界博览会	中止
1942	罗马世界博览会	中止
1958	布鲁塞尔世界博览会	主题为“科学文明与人道主义”，人造卫星，直升机
1962	西雅图世界博览会	主题为“宇宙时代的人类”，单轨的实用化
1964	纽约世界博览会	电子设备的应用，大企业的巨型展览厅
1967	蒙特利尔世界博览会	主题为“人类及其世界”，公寓建筑
1970	日本世界博览会	主题为“人类进步与和睦”

Ⅵ. 技术的鼎盛时期
——动力革命

Ⅵ-1　钢铁时代

由于贝塞麦转炉炼钢法的出现，钢可以大量生产了。原来仅仅作为结构材料或铁路轨道使用的钢，此后渐渐在许多方面得到了应用。

这样一来，19世纪70年代炼钢法的迅速改进，对整个世界的钢铁工业产生了很大的影响。当时全世界的钢产量只有70万吨，但是到1900年就迅速增加到大约2 000万吨。

1873年，英国钢的年产量为65.35万吨，是美国的3倍以上。在这之后，美国的钢产量逐年增加，到1900年年产量突破了1 000万吨而居于世界领先地位。这时，英国钢的年产量大约为490万吨，而德国是仅次于美国的钢铁生产国，年产量在800万吨以上。

由于大量生产钢的方法的出现，廉价的钢铁推动了工程学的巨大进步，几乎所有的构架都使用钢梁或钢筋，钢材也广泛地用于铁路、造船、汽车以及家庭用品方面。世界进入了钢铁时代。

目前，虽然在工业中还使用铝、铜、玻璃、塑料等材料，但就强度要求而言，现今仍属于钢铁时代。

【炼钢技术的进步】

18世纪到19世纪期间，英国人发明了纺织机械和蒸汽机。随后，其他机械也相继被发明出来。人们开始使用强度大的金属取代以往获取方便、容易加工的木材作为机械的制造材料，其中主要是钢铁。

从1850年到1870年间，经过贝塞麦（Henry Bessmer，1813—1898）、西门子（Frederick　Siemens，1826—1904）、马丁（Pierre

图6-1　坩埚炼钢法

Emile Martin，1824—1915）、托马斯（Sidney Gilchrist Thomas，1850—1885）等人的努力，钢铁冶炼技术取得了巨大的进步。此前，封建时代的木炭炼铁炉已被淘汰，取而代之的是普遍使用反射炉的搅炼法（Puddling），由此迎来了冶炼工业的煤炭技术时代。也可以说，19世纪的技术文明是以煤炭的热能作为物质基础的。

但是，英国人考特（Henry Cort，1740—1800）发明的这种搅炼法，由于需要用人力不断搅拌钢水，限制了钢铁的产量。

1830年以后，铺设铁轨、制造机车、建造轮船、架设电报线路和生产近代武器等一批新产业逐渐兴盛起来，作为这些工程所使用的材料——钢铁的需要量也相应大为增加。由于当时炼钢是靠人力进行的，根本满足不了这一社会需求，因此人们迫切期望找到以机械力为基础的新的炼钢方法。

贝塞麦的转炉炼钢法就是在这一时期出现的。这种方法可以把10吨左右的生铁，在大约10分钟的时间里炼成熟铁或钢。如果用搅炼法炼这么多的钢，需要几天的时间，而用以前的木炭炉则要几个月。高效率炼钢炉的出现，带来了19世纪后半叶的钢铁文明。

1864年，法国的马丁发明了平炉炼钢法，这种方法比贝塞麦的转炉炼钢法更为优越。因为这个方法是西门子和马丁共同努力完成的，所以也叫西门子—马丁平炉炼钢法。

如上所述，这一时期钢铁工业的燃料由历来的木炭过渡到煤炭，而其产品也由搅炼的可锻铁过渡到钢铁。随着铁路里程在世界各地迅速增大，生铁产量也在急剧增加。

有关钢铁工业方面的基本的主要的发明，都是在1900年前完成的。其中最重要的发明和改革发生在19世纪中叶，即1850年到1865年这短短的15年间。为钢铁工业做出贡献的伟大先驱人物有美国的凯利（William Kelly，1811—1888）、英国的贝塞麦和马希特（Robert Forester Mushet，1811—1891）、出生于德国的西门子兄弟、法国的马丁父子、瑞典的约兰松（Frederik Göransson）等人。

【炮身的发明】

1813年，出生于英国哈福德郡查尔顿的亨利·贝塞麦，在不到20岁时就研究出邮戳盖销机，并为英国政府采用。但是政府对他这的项发明没有给予任何报酬。从那以后，他凡有发明都申请专利以保护自己的发明权。

图6-2　贝塞麦

1853年，沙俄帝国乘土耳其国内空虚之际开始入侵土耳其南方，引发了俄土战争。第二年，企图向西南亚扩张势力而密切注视俄国这一行动的英国和法国，支持土耳其反对俄国，克里米亚战争爆发。在这场战争中，贝塞麦努力研制新型步枪。他在枪身内部开了来复线，使子弹在发射中自己旋转，从而使弹道更加稳定。这种步枪射程远、命中率高，但是因循守旧的英国陆军部却对这一发明没有任何兴趣。于是贝塞麦把它送给了法国政府，这一新发明受到拿破仑三世（Napoleon Ⅲ Carles Louis，1808—1873）的重视。

对于炮身内部开有来复线的大炮，如果炮弹与炮身配合不严密，火药爆发产生的气体就很容易漏掉。这样，由于炮弹旋转力不足就很难达到预想的效果。因此为了不让气体漏掉，炮弹必须与炮身密切配合。但是如果这样做，当火药爆发时炮身内的压力会非常高。由于当时的大炮都是用铸铁制造的，因而也就有炮身炸裂造成炮手死伤的危险。

为了解决这一问题，贝塞麦决心炼制出一种耐高压的非常结实的钢来。

【炼钢法的发明】

19世纪前半叶，由于机械技术的迅速发展，与其相关的各种其他工业也随之兴旺起来，结果作为结构材料——钢铁的用量急剧增大。从1830年到1840年出现的修筑铁路的热潮，是导致钢铁用量急增的主要原因。

从1850年起，钢铁产量在全世界范围内有了惊人的增长，1850年时，世界钢铁产量最高的国家是英国。

当时使用的几乎全是铸铁和熟铁，钢的用量极少。英国1850年铁的产量为250万吨，钢只有6万吨。造成钢产量少的原因是因为钢的生产费用太高。由于对钢的需要越来越迫切，因此出现了几位使用新方法炼钢的发明家，用他们的这些新方法可以大量而廉价地生产钢。

美国宾夕法尼亚州匹兹堡的糖锅制造者威廉·凯利，于1847年在肯塔基州埃丁博罗自己开办的铁工厂里，实验出了新的炼钢方法。有一天，凯利发现，当炼铁炉中铁水上面没有木炭覆盖时，向铁水中吹入空气可以提高铁水的温度。由此凯利认识到吹入空气可以除去铸铁中所含的碳。在这种情况下，铸铁中的碳本身起着燃料作用，从而使铁水温度升高。

凯利发明的方法即所谓“空气沸腾法”，其特点是使铸铁中的碳快速燃烧而获得高温，这样就可以用极为简单的方法，将硬而脆的铸铁大量地炼成钢。尽管凯利到处介绍这种新的“无燃料炼钢法”，可是当时的炼铁业者谁也不相信他。

后来，凯利在远离村镇的一个人烟稀少的森林里继续搞他的实验，并于1851年建造了7台使用这种方法的炼钢炉。在这以后的5年间他一直在秘密地进行生产，直到1856年才提出专利申请。但是，英国人亨利·贝塞麦在这一年也发明了与他相同的炼钢方法，并取得了美

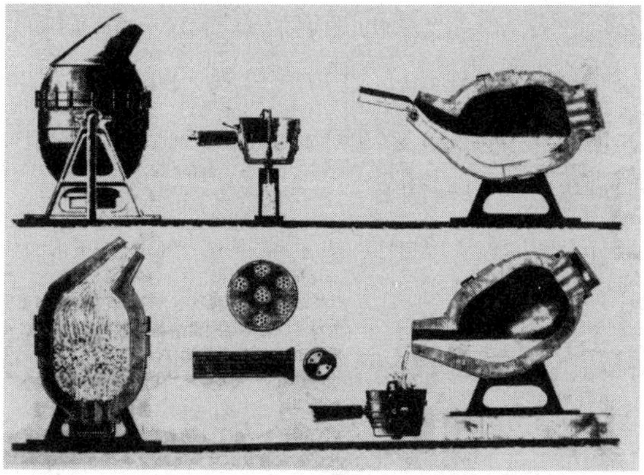

图6-3 贝塞麦转炉炼钢法

国专利。凯利向专利局提出申诉，指出自己的发明比贝塞麦的发明更早。1857年6月专利局做出更正，承认凯利的专利，正式认定凯利是这一炼钢法的最早发明人，并撤销了贝塞麦的专利。然而不幸的是，凯利在这一年破产了。

凯利与贝塞麦发明的炼钢法，其目的略有不同。凯利是为了获得比原来搅炼法质量更好的钢，而贝塞麦的目的在于用高温炼制完全液态的钢。

1856年8月11日，贝塞麦在切尔滕纳姆（Cheltenham）举行的英国科学振兴协会的年会上，宣读了题为《不用燃料制造熟铁和钢的方法》的论文。这项发明受到许多钢铁业者的热烈欢迎，新高炉的建造工作随即开始。然而试验却完全失败了，用贝塞麦的话说，“这是一次最可怕的打击”。因为用他的方法炼出的钢质量极差，大家都认为他是一个骗子。

事实上，贝塞麦最初的实验之所以能成功，是因为他偶然使用了含磷量极低的生铁。磷能使钢产生脆性，用含磷量高的生铁炼钢，采用贝塞麦提出的方法显然是不行的。在英国和欧洲大陆开采的铁矿石，大都含有很高的磷。

对贝塞麦炼钢法加以改革的是迪恩森林的一个炼铁业者乔治·马希特（George Ballaed Mushet，1772—1847）的儿子罗伯特·福雷斯特·马希特。他发现向贝塞麦转炉里添加锰铁合金，就可以使钢的含碳量在所要求的范围内得到调节。

在实际中使用贝塞麦炼刚法最先获得成功的，是瑞典的约兰·弗里德里克·约兰松。

马希特和约兰松等人对炼钢法的改进都起了很大作用，但是人们也没有忘记贝塞麦作为一个发明家所起的作用。

与凯利的不幸结局相比，贝塞麦还算是幸运的。由于贝塞麦炼钢法逐渐在各地推广开来，最终人们还是把这一方法以他的名字命名，叫做“贝塞麦转炉炼钢法”。

被英国首先采用的贝塞麦炼钢法，后来传入法国。1858年，法国吉隆德（Gironde）的萨莱特斯兰建造了高炉。1862年，德国的阿尔弗雷德·克虏伯（Alfred Krupp，1812—1887）在埃森（Essen）炼钢厂开始采用贝塞麦炼钢法炼钢。1863年，奥地利特乌尔拉哈也建造了贝塞麦转炉。

【平炉炼钢法的发明】

查理·威廉·西门子（Charles Wilhelm Siemens，1823—l883）的弟弟弗里德里希·西门子，幼年时体质很弱，勉强在吕贝克的学校里读书，15岁时到船上当了装卸工。1844年，他在维尔纳·西门子（Ernst Werner von Siemens，1816—1892）指导下学习了数学和自然科学，并于1848年在其哥哥威廉·西门子手下当助手。

1856年，弗里德里希·西门子和威廉·西门子采用能够周期断开的蓄热器将空气预热，发明了所谓的再生加热法。威廉·西门子发明了气体发生炉，使用这种气体发生炉能经济地获得高温在平炉的炉床上炼钢。1861年，威廉·西门子取得了气体发生炉专利。在平炉炼钢中，皮埃尔·马丁最先设计出向铁水中添加碎铁使钢水脱碳的方法。

1864年，马丁父子在盎格鲁附近的锡尔尤的一个小炼铁厂中，首次采用添加碎铁的方法进行炼钢并获得了成功。马丁父子在平炉中用的蓄热炉，是西门子派的技术人员建造的。两年后，西门子兄弟与马丁父子间签订了有关平炉炼钢的契约，所谓的“西门子—马丁法”成为后来炼钢的另一种重要方法。

Ⅵ-2　大炮王“克虏伯”

“我受教育的大学课堂是炼铁作坊，教室是铁砧。”“如果革命会使事业兴旺，那么他们互相残杀也是一种自由。”

——克虏伯

图6-4　克虏伯

今天，德国最大而且在世界上也是屈指可数的大康采恩克虏伯公司，在创业之初仅有7个职工。经历了两次世界大战发展到今天，克虏伯公司已经成为了拥有10万职工的大联合企业。公司创始人阿尔弗雷德·克虏伯14岁丧父即继承了家业。他事业心极强，经过自己百折不挠的努力，再加上他自己所表述的，由于发挥了冷静无情的“企业家精神”，使家业兴旺起来。

克虏伯不择手段地赚钱。他生产的大炮不论敌方、己方都一律出售。因此人们称他为“死亡商人”。克虏伯公司生产的钢铁质量远远超过其他厂家，用这种钢制成的大炮是相当坚固耐用的。克虏伯办事业的基本方针是一定设法使自己公司生产的产品在质量上压倒其他厂家。这也是他能获得今天这样的名声的原因。

【克虏伯家族】

克虏伯以“钢铁大王”之名轰动世界。克虏伯家族历代都在拼命

图6-5　克虏伯徽章

地从事商业活动，不择手段地扩大资产。第一代阿恩特·克虏伯（Arndt Krupp，？—1624）在1587年从莱茵兰德移居埃森。埃森是现在德国工业中心地区鲁尔的一个城市。当初移居到埃森的阿恩特·克虏伯像个难民一样，但是他到埃森定居后即致力于栽培葡萄和开设锻工作坊，还大力经商。后来在1600年间鼠疫流行时，他趁混乱之机抢购了大量价格暴跌的土地。

第二代安东·克虏伯（Anton Krupp，？—1661）继承了父亲的锻工作坊，制造步枪之类的东西。碰巧遇上30年战争[1]，他虽然是个新教徒，却把步枪既卖给新教徒又卖给旧教徒，还向军队出售葡萄酒，因此家产大增。

到第三代马蒂亚斯·克虏伯（Matthias Krupp，1612—1673）的时候，克虏伯家族已经成为埃森地区的豪门大户。马蒂亚斯任市长助理时在市政府的职员中集中安插了他的亲属和亲信，从而使整个埃森市置于克虏伯家族的控制之下。

第四代即马蒂亚斯·克虏伯的长子乔治·迪特里希·克虏伯（Georg Dietrich Krupp，1677—1742），是埃森市最大的财主，次子阿尔诺德·克虏伯（Arnold Krupp，1662—1734）则担任了埃森市长，三子是手工业行会会长。

这样一来，埃森市的实权全部被克虏伯家族所掌握，有人甚至称他们是埃森的皇帝。克虏伯家族历代购买的土地几乎把埃森市包围了起来，这些土地后来成为克虏伯钢铁公司的建设用地。

手工业行会会长的长子叫弗里德里希·约多库斯·克虏伯（Friedrich Jodocus Krupp，1706—1757）。他46岁时与只有20岁的阿玛

[1] 1618—1648年间，以德国为主要战场的新教教派国家与天主教教派国家之间的欧洲大战。

莉·阿谢费尔德（Witwe Amalie Krupp geb. Ascherfeld，1732—1810）结婚，5年后病逝抛下了年轻的妻子和2岁的儿子帕特·弗里德里希·威廉·克虏伯（Pater Friedrich Wilhelm Krupp，1753—1795），年轻的寡妇阿玛莉带着幼小的孩子顽强地生活了下去。她意志坚强，从年轻时起就勤俭持家，努力创办事业。她组织了“克虏伯未亡人商会”，大搞商业交易。她不仅扩展了原来的杂货店，还经营纺织品和染料，开办了肉铺和彩票房。她用积累的钱购买房屋和土地，并把曾担任市长的阿尔哈特·克虏伯名下的谢温凯尔草原买了下来。

她还创建了鼻烟工厂，买进漂布工厂并顺利地经营下去。连破产的一家“炼铁厂”也收买的阿玛莉，对现实生活并不满足，一直在拼命地扩大事业。她把经营所得的全部财产都掌握在自己手里，从不委托别人帮忙。当她88岁去世时，竟留下了10万塔勒（德国旧银币），相当于现在的100万美元的财产。

阿玛莉这种积极办企业的强烈事业心，以及不怕困难、以顽强意志经营企业、谋取巨额财产的精神，为克虏伯家族世代相继承，成为造就今天克虏伯大家族的动力。阿玛莉去世后两年，重孙阿尔福列特·克虏伯降生了。

【弗里德里希·克虏伯】

帕特·弗里德里希·威廉·克虏伯的儿子帕特·弗里德里希·克虏伯（Pater Friedrich Krupp，1787—1826），是一个性情开朗，待人热情的人。小帕特7岁时父亲去世，在祖母阿玛莉和母亲的抚育下长大。在那个时期，正值法国接二连三地发生政变，社会长期处于骚乱状态。1789年，小帕特2岁时爆发了法国大革命。1793年，路易十六（Louis XⅥ，1754—1793）被押上了断头台。埃森的修道院院长、路易十六的叔母也去向不明。当时，从巴黎逃出来的难民大批涌进埃森市，这动荡的社会给年幼的小帕特留下很深的印象。

小帕特13岁时，祖母阿玛莉买进了“炼铁厂”。与学校相比，小帕特非常喜欢这座炼铁厂，从学校回来就立刻跑到工厂去。他对燃烧着的高炉和向高炉里鼓风的风箱都极感兴趣，对滴溜滴溜旋转的水车也目不转睛地看个不停。他16岁时进入了这个工厂，开始努力学习他梦寐以求的炼铁技术。

弗里德里希·克虏伯19岁时，与附近一个商人的女儿特蕾泽（Therese，1790—1850）结了婚。祖母阿玛莉把“炼铁厂”送给他做为结婚礼物。弗里德里希·克虏伯极为高兴，他扩大了工厂经营规模，不仅生产火炉、锅等日用品，还开始生产蒸汽机及其零件和矿井排水用的蒸汽泵等。

但是，他的事业并不顺利。由于拿破仑实行“大陆封锁”政策，欧洲的经济活动停滞不前、每况愈下，弗里德里希·克虏伯的工厂也受到影响。又由于他只热衷于机械生产，对于销售很不高明。祖母阿玛莉只好将这个快要倒闭的工厂收回来，以买进时几倍的价钱卖给了莱茵兰德的工业主。这样一来，弗里德里希没办法再进行他喜爱的炼铁事业了。祖母死后，大量遗产落到弗里德里希·克虏伯手里，再加之整日唠叨不休干预自己事业的祖母已去世，他多年梦想的铸钢事业再次复兴起来。

【克虏伯公司的诞生】

弗里德里希·克虏伯在祖母的教育下，养成了实业家的创业精神。他满怀希望地决心要让克虏伯的钢铁供应全欧洲，为此于1811年11月20日成立了“弗里德里希·克虏伯公司”。当时，英国的钢产量居世界首位。拿破仑为了赶上英国，对欧洲大陆上生产优质钢的工厂提供奖金。克虏伯公司由弗里德里希提供资金和工厂组织生产，雇用凯赫尔兄弟负责炼钢。据说凯赫尔兄弟是当时唯一掌握英国炼钢技术的德国人。

在凯赫尔兄弟的帮助下，弗里德里希·克虏伯开始生产钢铁。他用马车从远处驮运矿石，耗费很大。在克虏伯公司成立5个月的时候，他的长子出生了。弗里德里希为儿子举行洗礼仪式时，还特意把凯赫尔兄弟请来为孩子命名，以表示对他们的信任。弗里德里希为人忠厚，对凯赫尔兄弟十分信任。遗憾的是，按凯赫尔兄弟的方法，即便熔炉中的铁矿石熔化了，也始终没能炼制出优质钢来。凯赫尔兄弟实际上是两个骗子。

原先一直资助弗里德里希·克虏伯的人，因为这两个骗子的存在深感前途无望而断绝了对他的援助。因此在工厂创办3年后，弗里德里希不得不与凯赫尔兄弟断绝关系。他在失望中病倒，住院休养了一段时间。1815年，他再度开始从事炼钢工作。

弗里德里希每天都在工厂里驱动风箱、点燃高炉、埋头工作。两年后他接受了柏林市造币局定制优质钢的合同，这种钢是铸造硬币用的。弗里德里希为此倾注了自己的全部财产，还从亲属处借了不少钱，在祖母阿玛莉购买的谢温凯尔草原上创建了新工厂。不过，由于借债太多，一时又无力偿还，弗里德里希引起了借贷者的起诉，结果导致埃森市里的克虏伯房产落到了别人手中。克虏伯全家只好搬到新建工厂内的陋室中居住。

这以后的两年，失意潦倒的弗里德里希·克虏伯病倒了，并在39岁时去世。当时他的儿子阿尔弗雷德·克虏伯只有14岁。

【炼钢业的少壮实业家阿尔弗雷德·克虏伯】

弗里德里希·克虏伯在谢温凯尔新建工厂举行的开工点火仪式，对当时只有7岁的阿尔弗雷德·克虏伯来说，是一生难忘的大事。高炉中熊熊燃烧的火焰，使年幼的阿尔弗雷德高兴万分。他一边看着这火焰，一边和聚集在这里的人们一同高唱：“燃烧吧，火焰！”

可是，当时弗里德里希·克虏伯的身体状况很差，阿尔弗雷德·克虏伯从早到晚都在工厂中给父亲帮忙，并在13岁时就退了学到工厂正式参加劳动。

阿尔弗雷德·克虏伯从父亲那里学会了高炉操作以及其他技术。

他经常用马车将工厂生产的钢材送到远处的锻造厂去加工，由此他又练就了娴熟的骑马驾车技术。父亲去世后，大量的债务都落到了他头上。他还要养活母亲、姐姐和两个弟弟。

在父亲去世后，14岁的阿尔弗雷德·克虏伯给工厂的主要主顾柏林造币局局长写信说："父亲虽然去世了，但不会对企业有影响，因为自从父亲卧病时起，我就已经接手料理工厂的一切事务了。"这表明了他今后要把事业继续办下去的决心。他母亲特蕾泽也写了同样内容的信，分寄给批发商和顾客。虽然工厂负债累累，但为了不损伤克虏伯的家门名声，他没有提出破产申请。

弗里德里希去世后，未亡人特蕾泽饲养牛和猪，照料家务。姐姐伊塔（Ida）当家庭教师资助家中生活。阿尔弗雷德则从叔叔卡尔·舒尔茨（Krupp，Kahr Schurtz）那里借到了资金，继续埋头于炼钢事业。

他用钢生产的工具和机械零件，质量极好，社会上逐渐对他的产品给予了好评。他整天埋头研究炼钢，1830年安装了水车驱动的研磨机，还开始制造冲压机。

阿尔弗雷德·克虏伯20岁时，在事业上开始有了成绩。母亲和姐姐协助处理工厂事务性工作，弟弟赫尔曼（Hermann）也在工厂里劳动。他的工厂还收罗了不少手艺很高的工匠，其中出名的有锁匠泽尔曼（Sellmann）、车工埃卡菲尔特（Eckafeld）兄弟、制枪的哈克维希等人。哈克维希的儿子后来成为克虏伯工厂颇有名气的第一流钳工。

1832年，阿尔弗雷德·克虏伯乘船沿莱茵河溯水而行，到威斯巴登、达姆施塔特、卡尔斯鲁厄等城市推销他工厂生产的轧钢机和机械零件。他还徒步走访了造币局，签订了加工合同。这是阿尔弗雷德第一次外出推销产品。由于他以旺盛的精力到处推销产品，使他的企业愈发兴盛起来。

从1834年3月起，阿尔弗雷德·克虏伯又用了3个月时间到各地推销产品。他用马车驮着冲压机样机跑遍了南德意志各城镇，在卖出大量机械的同时，还签了不少加工合同。1835年，他工厂中的工人增加到45人，产量提高了两倍。由于工厂使用水车为动力，经常停运，非常不方便，因此他于1836年安装了蒸汽机。这台蒸汽机是当年他父亲弗里德里希·克虏伯的炼铁厂制造的。

【“休洛甫男爵”去英国】

当时，英国的炼钢技术是世界最先进的，阿尔弗雷德在工厂有了起色之后，很想实际了解一下“英国式炼钢法”的秘诀。1838年6月，他开始计划动身去英国。他先去了巴黎，在那里签订了大量加工订货合同。他离开工厂后，把工厂的技术和经营工作交给了他的两个弟弟，并每天将所见所闻随时写信告诉他们。他每天要写几十次的备忘录，有时甚至伫立在街头一小时内写上十几次。同年10月他渡海到了伦敦。为了更好地了解英国炼钢法的秘诀，阿尔弗雷德·克虏伯在英国称自己是“修洛甫”贵族旅行家。事后他感叹道，对于英国那些新建的工厂或一般不准参观的工厂，之所以能“不凭任何介绍就可以参观，全凭长靴和马刺”。那些工厂主不但没想到他是来刺探技术秘密的，反而高兴地误认为“这么高贵的人物来参观工厂，实在是给工厂增添光彩”。在伦敦，阿尔弗雷德把他注意到的东西立刻写成备忘录寄给在埃森的工厂。他一生中大约写了3万封信。

就这样，“休洛甫男爵”游历了英国各地，窃得了炼钢法的秘诀。这种炼钢法的关键在于需要优质铁矿石，也就是说，炼制优质钢需要有优质原料和先进的技术。

阿尔弗雷德离开英国后又回到巴黎，在那里度过了他27岁的生日。不久遇上了“七月革命”领导人布朗基（Louis Auguste Blanqui，1805—1881）等人组织的“季节会”暴动。当时，在巴黎街头军队和社会主义者发生了武斗，甚至出现了枪击事件。他在寄回埃森的一封信中认为“很难估计整个局势会如何发展”，并从其他信中谈了他对革命与事业的一些看法。

【大炮王】

图6-6　克虏伯大炮

阿尔弗雷德·克虏伯于1848年正式从母亲手里接收了“弗里德里希·克虏伯公司”，成为名副其实的公司主人。工厂因生产汤匙冲压机而充满生机，进而又增加了大批铁路材料的订货，这使得他的工厂日益扩展和强化。他还曾向遥远的美国提供铸造硬币用的冲压机。此外，他试制的铸钢炮身，在试射时取得了优异的成绩。

1851年，在伦敦举办的世界博览会上，阿尔弗雷德·克虏伯展出的钢制炮身的6磅野战炮，由于超过了英国同类产品而获得金质奖章。克虏伯公司也以此为契机更快地发展起来，工人数量成倍增加，还生产出锻制的无缝钢轨。同时，阿尔弗雷德开始试制铁路车辆用的车轮。在多次研究和试验之后于1852年成功地制造出世界上最早的无接缝机车车轮。这种车轮无论是耐久性还是抗破坏性都比原来的车轮优越得多，因此很快就被柏林交通部采用了。阿尔弗雷德为了纪念这件事，以三个组合在一起的无接缝车轮图案作为“弗里德里希·克虏伯公司”的商标。

阿尔弗雷德·克虏伯在40岁之前，日夜为钢铁事业奔波，虽然头发已经斑白，但仍未结婚。在41岁时，他与一个退休收税官的女儿贝尔塔（Bertha Eichhoff，1831—1888）结婚，在工厂里举办了盛大的舞会，当时贝尔塔20岁。

在1854年的慕尼黑工业博览会以及1855年的巴黎世界博览会上，阿尔弗雷德·克虏伯都展出了大炮，并进行了试验射击。连续发射3 000发炮弹而毫无损坏的克虏伯大炮，震惊了全世界。这次博览会后，订购大炮的合同铺天盖地而来。

1859年，普鲁士政府向他订购了大批大炮。1866年，奥地利也购买了大批克虏伯大炮。在这个时候，巴黎的报纸给他起了个绰号——“大炮王”。在1866年开始的普法战争中，交战双方都使用了克虏伯大炮。在柯尼希斯格雷茨的战斗中，更是演出了一场同是德国人，使用同一家工厂生产的大炮互相射击，互相残杀，而利益却又落入阿尔弗雷德一人之手的闹剧。

后来，他生产的大炮与英国的安式炮（Armstrong）在性能上展开竞争，结果还是克虏伯大炮获胜。在埃森的克虏伯工厂中，经常云集着来自各国购买这种出色大炮的人。阿尔弗雷德·克虏伯为了炼制出世界上一流的优质钢而尽了一切努力。当优秀的贝塞麦炼钢法在英国刚一出现时，他马上从工厂中派出技术人员去英国学习，把这一方法引进到自己的工厂中。当西门子发明出新的炼钢方法时，他便立即加以采用，并于1870年委托西门子为他修建了马丁炉。

【晚年的阿尔弗雷德·克虏伯】

阿尔弗雷德·克虏伯与贝尔塔结婚后，对家庭生活总不如对工厂和事业那么关心，贝尔塔和婚后第二年出生的弗里茨（Fritz Friedrich Alfred Krupp，1854—1902）一同过着寂寞的日子。阿尔弗雷德在工厂中为妻子修筑了带喷水池的华丽宅第“田园亭”。但是工厂噪音、汽锤的剧烈振动、烟囱中冒出的黑烟损害了生活在这座宅第中的弗里茨的健康。于是阿尔弗雷德骑马到郊外找到了一处空气清净的地方，在他60岁后用了3年时间建造了一幢由160间房子的主楼和60间房子的配楼组成的大宅第。这座豪华宅第是为了留给克虏伯家族世代居住的。厌恶贵族的阿尔弗雷德·克虏伯，把这座宅第叫作“山丘别墅”。

在同一时期，阿尔弗雷德·克虏伯还修整了其发祥地的家，也就是他年幼时度过贫苦生活的、在工厂内的那间陋室。虽然他晚年在事业上获得了很大的成功，但并没忘记年幼时的艰苦生活。这个令人难忘的家会令人想到劳动、信心和忍耐是何等的重要。正是这个家给予

了他勇气，培育了他不屈不挠的奋斗精神。

1877年，阿尔弗雷德·克虏伯65岁时因独生子弗里茨的婚事与贝尔塔发生争吵，贝尔塔离开“山丘别墅”后再也没回来。贝尔塔离开5年后，弗里茨与玛尔加列特（Margarethe）结了婚，他们同时成为克虏伯公司的领导成员。

1887年7月14日，顽固而孤独的阿尔弗雷德·克虏伯因心脏麻痹去世，享年75岁。安葬仪式按照他生前的要求举行，遗体从“山丘别墅”运回埃森，先安放在“发祥之地”，之后再送往墓地。以弗里茨为首，亲属、高级官员、工厂领导以及工厂的两万名工人都参加了他的葬礼。

阿尔弗雷德·克虏伯去世后，独子弗里茨·克虏伯继承了父亲的事业，继续制造大炮、军舰等，到1910年已发展成大康采恩。弗里茨48岁去世时，工人已达4万人。其女婿古斯塔夫·克虏伯（Gustav Krupp，1870–1950）继任克虏伯四世。在第一次世界大战中，他制造的从76英里以外射击巴黎的远射程大炮，震惊了全世界。在第二次世界大战中，公司不仅制造出了各种型号的大炮，还生产出了大量的重型坦克、战斗舰、航空母舰、潜水艇等。

德国战败后，克虏伯五世阿尔弗雷德（Alfried Krupp von Bohlen und Halbach，1907—1967）宣称：“军需生产不合算，我不再生产大炮了。”此后公司开始生产重型机械，向后进国输出成套设备，向各国出口机械设备。由于德国战败，克虏伯工厂的生产曾一度下降，工人和工厂设备也有所减少。但到1960年后工厂发展得比原来的规模更大，70年代末已拥有10万名工人，总销售额达10亿美元，成为世界上屈指可数的大康采恩联合企业。

Ⅵ-3　动力机械

自18世纪中叶到19世纪中叶的100年间，英国相继完成了纺纱和织布的技术发明，继而又发明了蒸汽机、机床，并对机床进行了许多改革，工业生产蓬勃发展。

19世纪后半叶，欧洲各地到处有人在搞技术发明，出现了水力涡轮机、蒸汽涡轮机和内燃机等新动力机械。进而对电进行了研究，发明了发电机和电动机。从18世纪到20世纪初的200年间，是技术发明的辉煌时代，即使说构成现代机械文明基础的技术早在20世纪初就已经完备，也并非过言。

詹姆斯·瓦特发明的蒸汽机，对于人类以往所使用的动力产生了革命性的影响。与人力和水车相比，蒸汽机是一种非常方便的强力动力机。用人力或水车只能够同时带动几台纺织机，但是用蒸汽机可带动的机器台数是水车的数倍，因此产品的产量也可以成倍地增加。

在物资运输方面，如果用蒸汽机车代替马车，则运输量和速度都可以大为增加。法国的军事工程师尼古拉·约瑟夫·居尼奥（Nicholas Joseph Cugnot，1725—1804），出于在战场上驮运大炮的需要，于1763年制造出蒸汽车模型。1769年，居尼奥制造的三轮蒸汽车能以每小时3.5千米的速度行驶。威廉·马多克（William Murdock，1754—1839）

图6-7　居尼奥蒸汽车

图6-8　特列维西克的蒸汽机车

图6-9　特列维西克的蒸汽机车表演

图6-10　史蒂芬森的“火箭”号蒸汽机车

的徒弟理查德·特列维西克（Richard Trevithik，1771—1848）制造出了在轨道上行驶的最早的蒸汽车，即1804年2月在威尔士的煤矿中行驶的蒸汽机车。1808年，特列维西克又制造出第一辆运载乘客的机车，在伦敦的尤斯顿广场上进行了实际表演。

史蒂芬森（George Stephenson，1781—1848）制造的蒸汽机车“火箭”号，于1829年在利物浦至曼彻斯特间以每小时55千米的速度行驶。利物浦至曼彻斯特间的铁路于1830年6月正式通车，这段铁路的通车对人类的生活产生了很大影响。之后，法国、德国、荷兰都各自建成了铁路，方便了物资运输和人员流动。蒸汽机车成了“铁路运输之王”，它给工商业、特别是炼铁业带来了深远的影响。

【涡轮机的发明】

蒸汽机作为一种理想的动力机，曾经发挥了自己的威力，但是由于它体积太大，又以煤为燃料，因此在煤炭运输不便的地区，并不如水车方便。

1568年，贝松（Besson，Jacques，1540—1576）的草图里就画有桶型水车，自这时起许多工匠对水车进行了一系列改革。法国矿山学校教授布尔丹（Claude Burdin，1790—1873）给新式水车起名叫涡轮机（turbine，曾译为透平）。他的学生富尔内隆（Benoit Fourneyron，

图6-11　德国莱比锡—阿尔特铁路

1802—1867）在1827年制作出了反冲型水力涡轮机。最早的水力涡轮机在落差100米的瀑布下每分钟的转速为2 300转，输出功率在60马力左右，而富尔内隆制作的涡轮机可以在落差5米的情况下运转，功率可达200马力以上。这些水力涡轮机曾在奥斯堡的纺纱厂得到实际应用。这种涡轮机于明治初年输入到日本，传入美国后10年间得到了普遍的应用。

1850年后，英国出生的弗兰西斯（James Bicheno Francis，1815—1892）发明了外侧安装固定叶轮、内侧安装旋转叶轮的新型涡轮机。这种涡轮机与富尔内隆发明的涡轮机水流方向相反，水是从叶轮的外周向内流动的。这种型式的涡轮机有许多优点，后来逐渐在多方面得到应用，现在的水力发电站中，仍广泛用它来带动发电机发电。

上述的涡轮机，是一种反冲型水力涡轮机，当水进入叶轮中的时候，水的动能有一部分转化为叶轮的动能，靠反冲作用使叶轮旋转。而使水从喷嘴中喷出，靠水流的动能使叶轮旋转的冲击型水力涡轮机，则是1856年由法国的热拉尔（Charles Frédéric Gerhardt，1816—1856）等人发明的，后于1870年由美国人佩尔顿（Lester A.Pelton，1829—1908）研制成功。这种型式的涡轮机，多用在水量不多，但落差较大的水力发电站中。

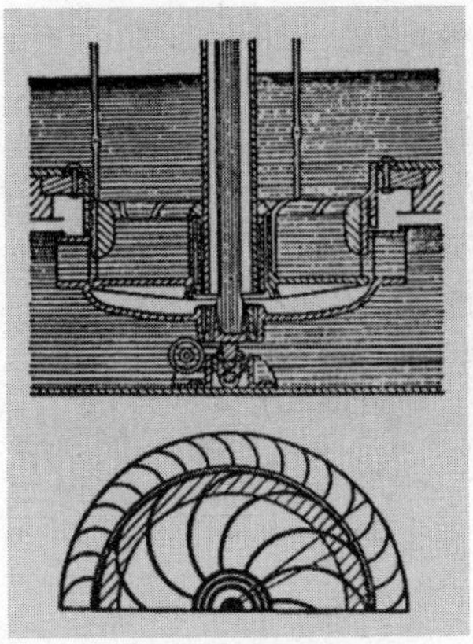

图6-12　富尔内隆涡轮机

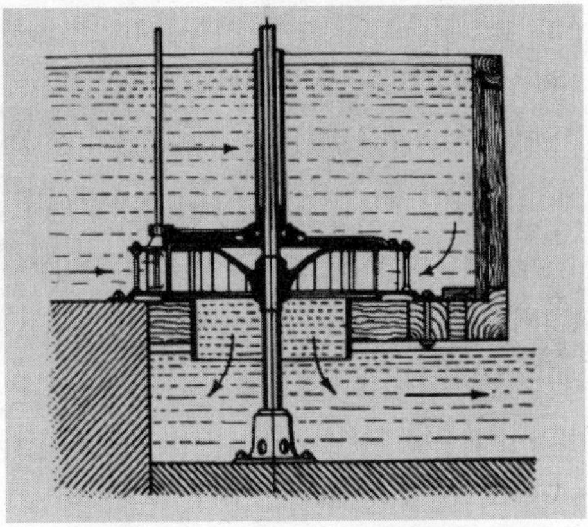

图6-13　弗兰西斯涡轮机

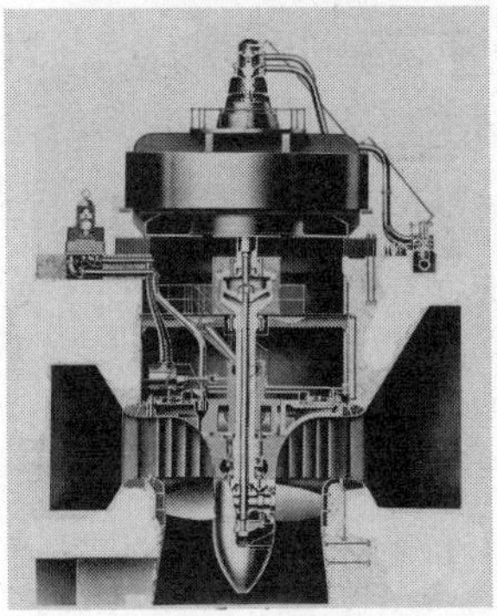

图6-14　卡普兰涡轮机

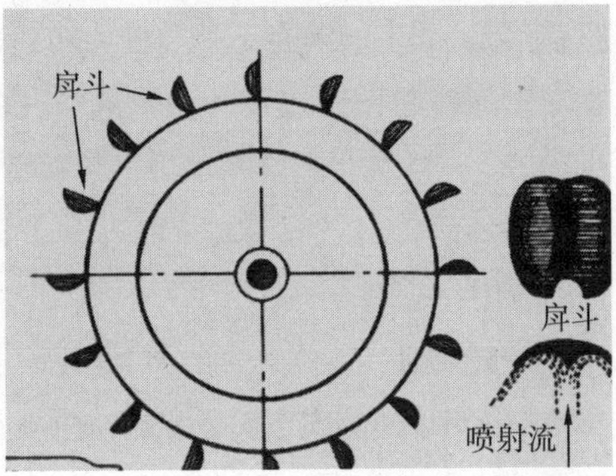

图6-15　佩尔顿涡轮机

上面的两种水力涡轮机都应用了很长时间。1920年，奥地利布吕恩大学的卡普兰教授（Victor Kaplan，1876—1934）对螺旋桨型水轮机作了研究，制作出能在水量多、落差小的情况下有效使用的新型水力涡轮机。这种涡轮机可以随水量的变化而变动螺旋桨叶片，使涡轮机保持最高的效率。这种涡轮机叫做“卡普兰水力涡轮机”。

把水力涡轮机与发电机结合起来进行发电的设想，是从1865年起由法国的卡泽尔（Casel）和意大利的马尔科（Marko）提出的。最早的水力发电站1881年建于英国的戈达尔明（Godalming）。两年后，美国也建成了水力发电站。但这些发电站都是使用直流发电机发电，直到1889年，美国的尼亚加拉地区才动工兴建了使用交流发电机的大型水力发电站。1895年，焦发尔（John Bull，也译为约翰牛）涡轮机投入运行，输出功率达5 000马力。后来美国的洛基山地区，欧洲的阿尔卑斯山地区陆续兴建了水力发电站，并开始远距离交流送电。

图 6-16　布兰卡设计的蒸汽涡轮机

【汽轮机的发明】

在公元前后，人类就试图利用蒸汽力获得旋转运动，希罗（Hero of Alexandria，约10—70）的蒸汽球是众所周知的例子。1626年，意大利的布兰卡（Giovanni Branca，？—1629）在其著作中就有利用蒸汽涡轮机粉碎药剂的插图。但是由于当时技术还不够发达，这项发明未能实现。

1882年，瑞典科学家德·拉沃尔（Carl Gustaf Patrik de Laval，1845—1913）发明了可以实际使用的汽轮机。其结构是在圆筒周围安装有许多叶片，靠喷嘴喷出的蒸汽冲击叶片而使轮子转动。这种最早的冲击型汽轮机是为了使奶油分离机高速旋转而制作的。之后不久，英国的工厂主帕森斯（Charles Algernon Parsons，1854—1937）也发明了汽轮机。这是一种把许多叶片成排地安装在圆筒周围，再将它装入有固定叶片的壳体中的装置。它没有喷嘴，是利用蒸汽在叶片之间边膨胀边通过而产生的反冲作用工作的。这种反冲型汽轮机与德·拉沃尔的汽轮机在结构上迥然不同。

这种汽轮机是帕森斯为了驱动发电机而制作的，转速可达每分钟

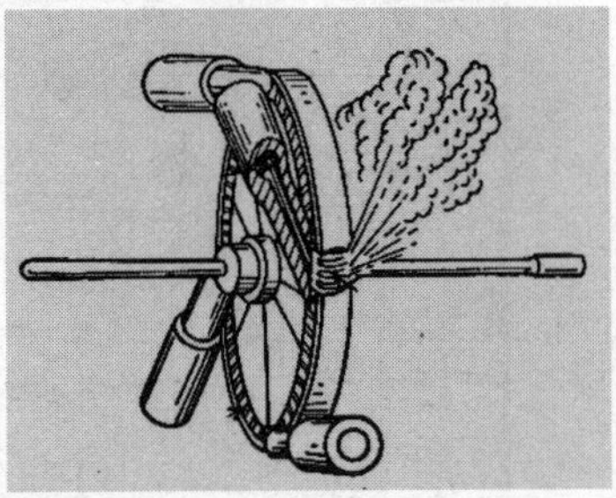

图6-17　拉沃尔涡轮机

图6-18　帕森斯涡轮机

8 000转。此外，他还发明了与这种汽轮机直接连结的发电机，即汽轮发电机。1889年，帕森斯的汽轮发电机为解决电灯供电而投入实际运行。1896年，美国的威斯汀豪斯公司取得了帕森斯的这一专利，并对汽轮发电机进一步进行了开发。汽轮机比往复式蒸汽机热效率更高，用于驱动发电机是极为合算的，因此进入20世纪后，几乎所有的火力发电站都使用了汽轮机。

图6-19　帕森斯

帕森斯于1894年又设计出船用汽轮机，并于1897年建造出世界上第一艘以汽轮机为动力的轮船“达比尼亚”号。在试航中时速达34.5海里，成为当时航速最快的轮船。20世纪后，军舰和商船也都采用汽轮机作为动力，汽轮机的用途愈来愈广了。

【内燃机的出现】

蒸汽机是很出色的动力机，因此它的使用范围愈来愈广。同时，由于不断要求增大功率，蒸汽机也逐渐大型化。早在1673年，荷兰的惠更斯（Christian Huygens，1629—1695）和法国的巴本（Denis Papin，1647—1712）就进行过使用汽缸和活塞制作动力机的实验。随

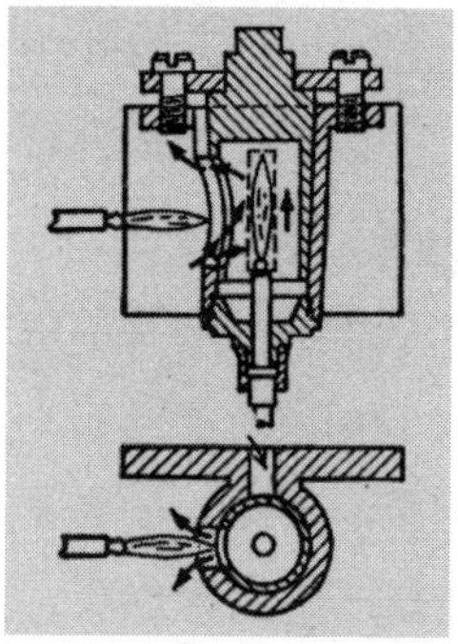

图6-20　巴尼特的点火装置

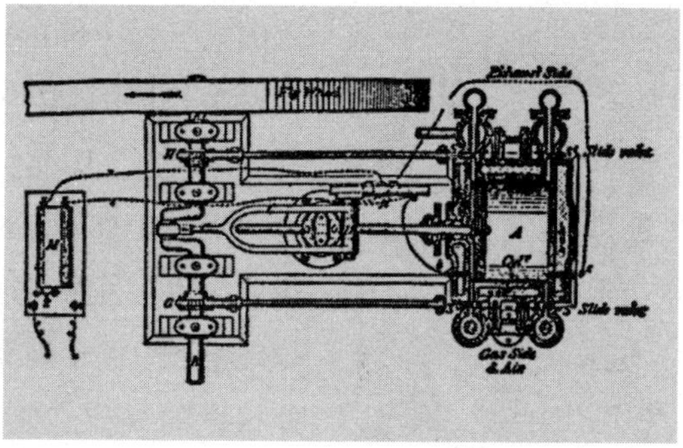

图6-21　勒努瓦内燃机

着工业的发展，迫切需要强有力的动力设备。除了18世纪中叶发明和应用的蒸汽机外，不少人还进一步做过在汽缸里不是充入蒸汽，而是直接充入可燃性气体，使之爆燃来驱动活塞的实验。

1833年，英国人莱特（Wright）提出了用泵将煤气与空气的混合气体送入汽缸，使之爆燃而驱动活塞运动的设计方案，但这一方案并未能付诸实施。

1838年，英国的巴尼特（William Barnett）设计出对在汽缸中的煤气点火的新方法。这种设计极为巧妙的点火装置，是通过两个安装在汽缸外面的燃烧器来进行点火的。此后50余年间，这种点火方法一直被使用着。

真正实用的内燃机是1860年法国的勒努瓦（Jean Joseph Etienne Lenoir，1822—1900）制造的安装有电点火装置的内燃机。这种内燃机的结构大致与蒸汽机类似，取代蒸汽的是从阀门吸入的煤气和空气的混合物，用电火花引爆，然后排气。尽管其效率还不算理想，但是1865年法国已经生产了400台，英国也生产了大约100台。

法国的德罗沙斯（Alphonse Beau de Rochas，1815—1893）研究了内燃机的效率问题，于1862年提出了内燃机动作的四冲程循环方式。

图6-22　勒努瓦

德国人奥托（Nikolaus August Otto，1832—1891）实现了以活塞的两次往复动作完成混合气体的吸入、压缩、点火引爆、排气过程。

奥托于1832年6月出生于纳萨乌的霍尔茨霍森，曾在科隆当过工匠。1861年，奥托看到德国报纸上关于勒努瓦内燃机的报道，引起了他很大的兴趣。他全力以赴地研究内燃机，于1867年与朋友兰根（Eugen Langen，1833—1855）一同制作了自由活塞式内燃机。这种发动机原是意大利人巴尔桑奇和马特乌齐（Matteuzzi）于1857年发明的，奥托作了改革，制成了比勒努瓦发动机在燃料消耗方面低得多的内燃机。

奥托制造并出售了大约1 000台这种自由活塞式内燃机。他以这笔收入为资本，继续进行研究。在1867年巴黎举办的世界博览会上，他展出的煤气发动机获得了金质奖章。

奥托于1872年创立了“德意志煤气发动机公司”，开始正式生产内燃机。奥托为第一任总经理，兰根任副总经理。当时戴姆勒（Gottlieb Daimler，1834—1900）和年轻的工程师迈巴赫（Wilhelm Maybath，1846—1929）一起加入了这个公司。1876年制成的四冲程内燃机是今天

图6-23　奥托

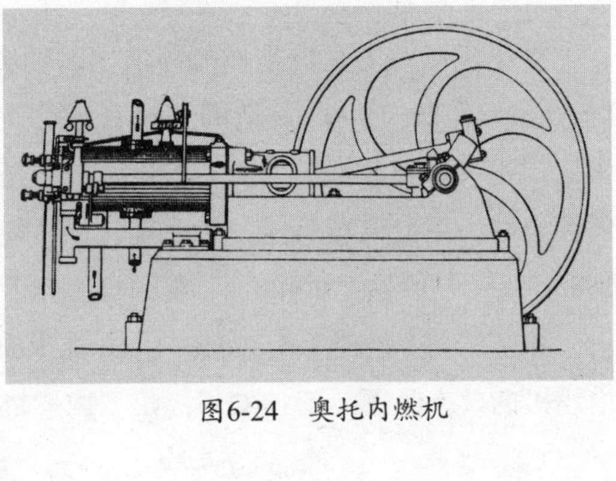

图6-24　奥托内燃机

内燃机的鼻祖。这种机器于1877年取得专利，第二年在巴黎世界博览会上展出，因重量轻效率高而博得好评。

当时，石油公司对如何处理炼油得到的挥发快又易燃的轻质油很伤脑筋。戴姆勒得知这一情况后开始埋头研究使用汽油的发动机。1883年，他终于成功地制造出高速汽油发动机。煤气发动机最高转数为每分钟200转，而戴姆勒研制成功的汽油发动机的转速每分钟可达800 转。这项发明奠定了小型高速汽油发动机研制的基础。

不久后，戴姆勒将这种小型高速汽油发动机试装在自行车和四轮车上。他还制造了1.5马力的小型发动机，并于1887年制造出安装有摩擦离合器的最早的四轮运货汽车，时速为18千米。1890年，“戴姆勒发动机公司”成立，开始制造汽车。

在同一时期，德国的本茨（Karl Friedrich Benz，1844—1929）也在研制内燃机，并将内燃机安装在车上制成汽车。1893年，在芝加哥举办的哥伦比亚博览会上展出了本茨（现译为奔驰）汽车。本茨汽车的出现刺激了一直在研究“不用马的马车”的美国工程师，他们在19世纪最后的几年内生产了汽油汽车、蒸汽汽车、电动车等各种类型的汽车。

图6-25　戴姆勒

图6-26　戴姆勒汽车

图6-27　本茨

图6-28　梅赛德斯—本茨汽车

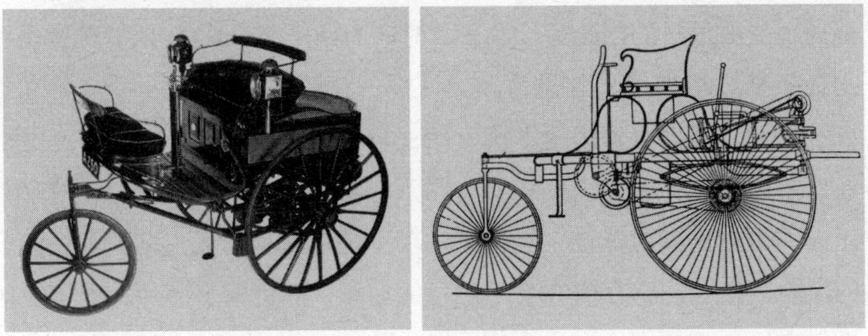

图6-29　本茨三轮车

【狄塞尔的发明】

狄塞尔（Rudolf Diesel，1858—1913）出生于1858年3月，其父亲特奥多尔（Hermann Diesel Theodor，1830—1901）是法国巴黎一家制革厂的工长。狄塞尔比戴姆勒稍晚一些于1880年毕业于慕尼黑工业大学。在学校里，以研究空气液化而著名的机械学教授林德（Carl von Linde，1842—1934）开设了热机和蒸汽机讲座，从而使狄塞尔对内燃机产生了兴趣。他在巴黎和柏林工作时，设计出空气压缩机，使林德发明的冷却装置得以商品化。这种压缩机需要由大型的耐高压的更坚

图6-30 狄塞尔

图6-31 狄塞尔内燃机

固的内燃机带动。在克虏伯公司的帮助下，狄塞尔在奥格斯堡开始试制高压机械。经多次试验，终于在1897年制造出实用的内燃机，并成功地进行了试运转。这台内燃机是单缸直立式的，输出功率为25马力。

狄塞尔内燃机是一种靠汽缸中的活塞把空气高度压缩，同时向高温部位喷入燃料，不用点火就能使燃料起爆的内燃机。

最初的狄塞尔内燃机使用的是细煤粉，后来使用更为合适的重油。这种狄塞尔内燃机曾于1898年在慕尼黑举行的博览会上展出。

狄塞尔内燃机具有燃料费用便宜、不用汽化器和点火装置、热效率高的优点，但是这种发动机必须使用耐高温、耐高压的材料制作，并要有坚固的结构，因此在使用上受到一定限制。

后来，世界各国都在生产狄塞尔内燃机，不仅用它带动发电机，还于1913年制造出使用狄塞尔内燃机的机车。此外，法国人博塞（Bosser）研制了船用狄塞尔内燃机。1903年，俄国诺贝尔公司安装狄塞尔内燃机的客轮开始运行。

第一次世界大战后，狄塞尔内燃机与汽轮机在各国的客轮及货轮上并行使用。

1913年10月，狄塞尔在去伦敦的途中，从船上失踪，谜一般地消失了。

【旺克尔发动机】

1950年，德国的旺克尔（Felix Heinrich Wankel，1902—1988）设计出一种内燃机。由于这种内燃机有一个三角形转子（rotor）在中心回转，因此也称作“转缸式发动机”。不过这个转子中心与旋转轴心并不重合，存在着偏心，力的方向与一般往复式内燃机是一样的。从原理上讲，是一种行程小的往复式内燃机。它的工作原理如下：

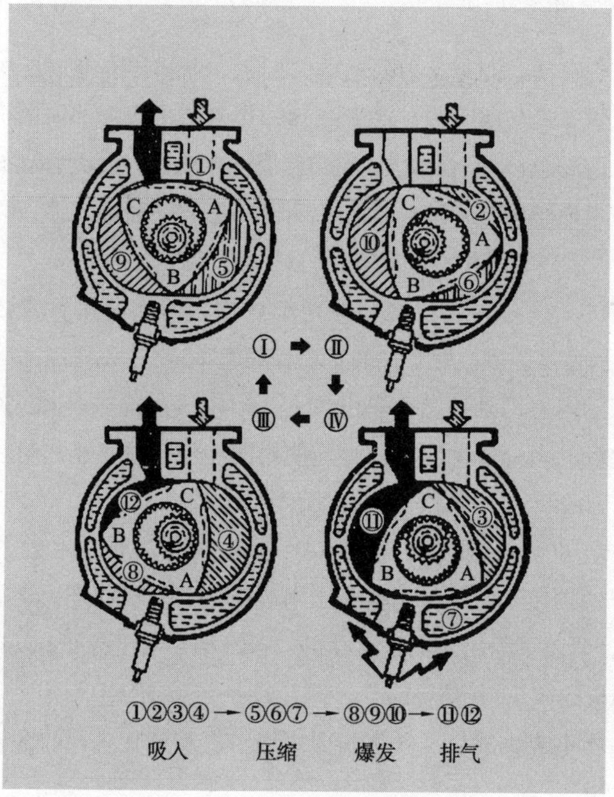

图6-32 旺克尔发动机工作原理

中心有一个固定的小齿轮，齿轮中心即旋转轴中心。这个小齿轮与一个大型内齿轮相啮合，但是这个大齿轮与小齿轮并不同心。当偏心的轴旋转时，与小齿轮啮合的大齿轮的中心发生移动。转子安装在这个大齿轮上，随着轴的旋转，转子同时做公转和自转。两个齿轮的齿数之比为三比二。转子为三角形，轴旋转一周就引爆一次，而转子转一周将会引爆三次。外侧容器形状是按这个三角形转子对三个顶点在运动中形成的轨迹制造的。这种发动机没有吸气、压缩阀门，与二冲程发动机一样，吸气孔和排气孔的启闭由活塞控制。

这种发动机结构简单，可以做得很小，因此发展很快，目前日本等国已经在汽车中广为采用。发明者旺克尔是德国人，是一位流体力学专家，在第二次世界大战前就热衷于这种发动机的研制，直到1950年才在弗雷德（Frede）的帮助下公开发表了这一研究成果。传到日本是在1959年，但是真正实际应用则是1970年以后的事了。

【转缸式发动机】

19世纪后半叶发明的往复式内燃机由于性能优秀得到了广泛应用，至今也还没有出现能胜过它的内燃机。但是，从运动学的角度看，一般认为旋转运动比往复运动更好。因此，一些工程师设计了许多方案，还制作出一些装置进行实验，想把活塞在汽缸中往复运动的内燃机改成旋转型的。但是直到目前为止，完全旋转型的发动机仍无法实际应用。

1920年，埃塞尔拜（Esselbe）设计了一种使活塞完全旋转的转缸式发动机。这种发动机有四个活塞，活塞在轮胎形的汽缸中向一个方向运动。在轮胎形汽缸外侧有四个阀门，这四个阀门也是旋转的，它们借助齿轮与主轴联动，在活塞间巧妙地进行压缩、点火、膨胀等过程。

四个旋转阀配置在四角，阀上有凹口，可以使活塞在这个位置上通过。这四个阀中两个是供排气和吸气用的，两个作燃烧室用，两

图6-33　埃塞尔拜的转缸式发动机

类阀的位置交叉配置。当活塞通过吸气阀位置时活塞前面的气体被压缩，活塞进入燃烧阀位置时被压缩的气体通过凹口进入阀的内侧，由火花塞点火引爆，驱动活塞，使废气从下一个活塞的前面排出。

由于每个活塞旋转一周引爆两次，因此4个活塞可以有8个四冲程循环动作。也就是说，相当于一般四冲程发动机的16个汽缸的动作。而且它没有偏心轮那种往复运动，驱动轴的动力完全是按切线方向作用在轴上的，因此是一种很理想的转缸式发动机。但是由于还存在一些问题未能解决，直到现在也还没能实际制作和使用。

这种转缸式发动机引起了许多技术人员的注意。毕业于日本大学机械工程系、在陆军中任技术军官的木泽武夫，于1931年也设计了一种转缸式发动机。他在中学时代看到一本科普杂志登载转缸发动机的消息后，引起了兴趣，从而促使他后来从事转缸发动机的发明工作。他发明的这种发动机有两个活塞和两个旋转阀，与埃塞尔拜的极其相似。然而，这个发明属于军事秘密，即使得到专利也不能公开发表，因此详情是不清楚的。

此外，1933年取得日本专利，后来又取得国外专利的村上式转缸发动机，也是一种结构极其巧妙的完全旋转式发动机。发明者村上正

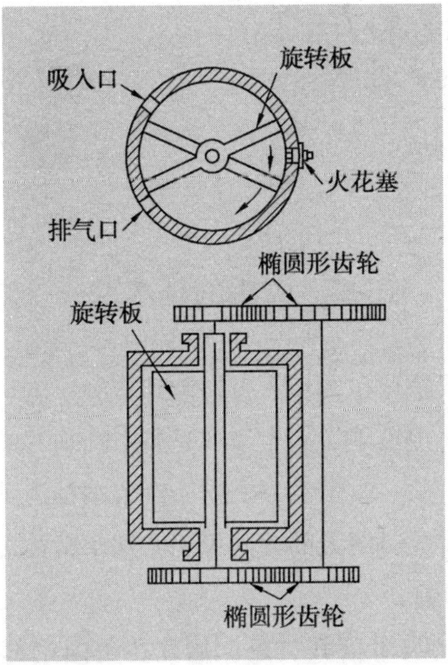

图 6-34　村上式转缸发动机

辅是日产汽车股份公司的经理。这一发动机结构如下：

在圆筒形容器中安装一对旋转板，这种板相当于普通发动机的活塞。在两块板之间的空间进行吸气、压缩、燃烧、膨胀过程。外侧的圆筒是固定的，圆筒内的两块板都是向同一方向旋转，但这两块板的速度每瞬间都不相同，有时分离，有时又接近。这样，两块板中间就反复进行着压缩、膨胀、压缩、膨胀的循环过程。

这一具有独特设计思想的旋转式发动机，在日产汽车股份公司中试制成功并进行了试运转，但是也还没有达到实用化的程度。这种发动机在1937年被放弃后至今也没有人再继续研究下去。

Ⅶ. 美国的技术方式
——互换式生产

Ⅶ-1　美国的技术发展

美国的独立战争从1775年一直持续到1783年。1776年7月4日发表的《独立宣言》，提出了“人生来就是自由和平等的，不受人民拥护的统治应当废除”这一政治纲领。这个宣言精神为美国人所接受并继承下来，成为大多数美国人的共同思想。这个精神对美国的技术发展也产生了巨大的影响。

美国独立之初技术极其贫乏。居住在美国东部的手艺人、金属匠、铁匠、木匠为了寻求土地而向西部迁移，在西部边境地区把荒地开垦成农田种植小麦和玉米，靠土地收成维持生计。由于手艺人和工匠分散在广阔的地域内，整个美国就呈现出一种掌握技术的熟练工人显著不足的状态。

来到西部的拓荒者们为了生产的需要，开始制造耕地用的犁和锄、砍伐森林用的斧子和锯、建造房屋用的钻和尖镐等日常必需的工

图7-1　播种

图7-2　木屋

具。为了保证食物来源，他们从事狩猎活动，因此制造了宰割兽肉用的刀子，还用兽皮缝制衣服、制作鞋靴，并开始纺纱织布，出卖所收获的谷物。这样一来，这些居民的生活逐渐富裕起来。

然而，与英国相比美国的技术是极为落后的。当时，英国各地已经普遍建立了纺纱业、织布业以及金属加工业等方面的工厂，而且蒸汽机已经进入了实用阶段。而美国还没有能够设计制造纺织机械的技术人员，甚至到罗伯特·富尔顿（Robert Fulton，1765—1815）建造的“克莱蒙特”号蒸汽船在哈德逊河航行的1807年，蒸汽机也必须从英国进口。

美国独立后，英国的企业家们把大量的棉布、丝绸、皮革制品、衣服、金属制品等销往美国，从中获利。英国并不希望美国的纺纱业和织布业兴盛起来，为此英国制订了法律，禁止把本国机械、零件及设计图纸带到国外去。英国政府还唯恐工厂的工匠去美国传授机械制造技术，因此禁止这些工匠出国。

美国纺织工业发展不起来的另一个原因，是由于英国工厂的阴暗面流传到美国引起了美国人对工厂的反感所造成的。许多美国人都知道，在英国的这些工厂中从早到晚关着一些被迫从事艰苦劳动的工

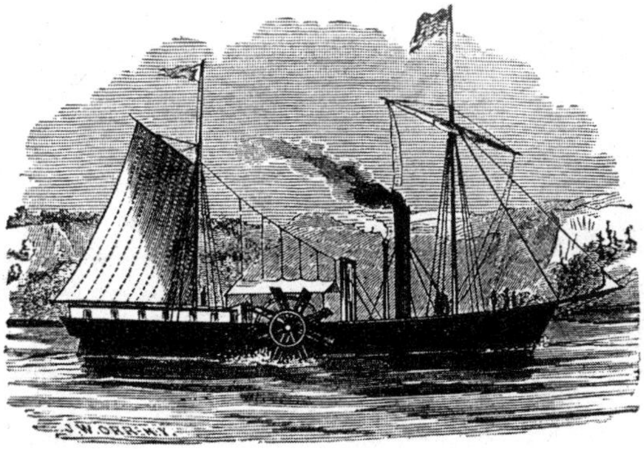

图7-3　富尔顿的蒸汽船“克莱蒙特”号

人，特别是妇女和儿童，他们的劳动时间长，工资低。与此相比，在广阔的原野上劳动，耕种肥沃的土地，获得丰富的收成，以及在森林中面对野兽袭击的挑战这些置身于大自然中自由放任的生活，对美国人而言更有吸引力。

1789年，欧洲爆发了法国大革命，后来拿破仑（Napoleon Bonaparte，1769—1821）的军队向欧洲各地进攻，把欧洲大多数国家卷入战争之中，结果使英国和法国中断了与美国的贸易。这样，美国人所需要的一切物品就必须依靠自己动手来解决。不仅要大量生产棉织品和毛织品，还必须大量制造人们日常生活的零星物品，如纽扣、钉子、凿子、纸、绳子、水壶、炉子、银餐具、帽子、袜子、鞋以及农耕用的犁、锄、镐，运货和载人的四轮马车，等等。大批人口迁往西部以后，留在东部的为数不多的懂技术的工匠们，发挥了创造精神，开始热衷于制造机器。他们沿东部的江河开办工厂，安装水车驱动机械，一个人能完成几百个人的工作量。正如在建国宣言中所说的那样，美国人认为人类一切都是平等的，没有谁考虑自己是否有权得到方便而先进的机器，而是认为别人有的，自己也可以有。美国人坚信任何人都可以拥有财富，都可以获得重要地位，甚至是总统的地位。当时在欧洲，汽车只是贵族或有钱人的奢侈品，而美国人却认为任何人都可以拥有汽车。

这样，美国就以大多数人都同样可以拥有方便的机器为目标，

图7-4　英国工厂中的工人

图7-5　童工

开始了大量生产。由于技术人员缺乏，而且又是采用大批量的生产方式，因此除了制造自动化的机械外，别无他法。

【埃文斯的自动磨粉厂】

战争经常会开创出新的社会需求，为发明的历史增添页码。这些社会需求虽然多以武器和弹药等战争不可缺少的器物为主，但同时也会出现诸如运输和通信手段、食物和衣服之类的从属方面的需求。

卷入战争中的广大民众，在与外敌作战的同时还必须与经济贫困进行斗争。正因为如此，在战争期间会出现各种各样的发明物。战后，这些发明物中有不少因为对人们的正常生产生活有用而长期留存了下来。

美国的独立战争给美国人的生活方式带来了各种变化，战后发明的把生毛和原棉在纺纱前加以处理的手工梳棉机，对美国经济造成了很大影响。以前，这种机器是从英国进口的，独立战争期间进口中断了。

梳棉机是一种在四方形的皮革上，安装着数百根弯曲的铁齿的手工器具，与梳理马毛用的铁梳子很相似。这种梳棉机一般是由妇女或儿童手工操作的。

埃文斯是最早设想使农民的这种手工劳动实现机械化的人，这一思想导致他后来创建了自动磨粉厂。

奥里弗·埃文斯（Oliver Evans，1755—1819）出生于克里斯蒂安纳（Kristiania）河畔的纽波特（Newport），少年时和一般人家的孩子一样，在农场中帮大人耕作。17岁时，他无意中将水浇在炮身上，水受热变为蒸汽升腾起来的现象使他对蒸汽机产生了浓厚兴趣。他在1813年曾写道：

图7-6　埃文斯

“人们乘坐在用蒸汽机推动的大客车里，

以每小时15~20英里的高速从一个城市跑到另一个城市的旅行时代就会到来。汽车早晨从华盛顿出发，乘客可以在巴尔的摩吃早饭，在费城吃午饭，到纽约吃晚饭。人们可以不分昼夜地持续旅行，还可以在车上睡觉。”

这是埃文斯早在机车输入美国之前16年、汽车在美国公路上行驶之前100年的时候所预想到的情况。埃文斯曾设计了可以在公路上、轨道上以及水中行驶的各种车辆，但是这些设计由于周围人们的不理解而没能实现。

1805年，埃文斯在费城进行蒸汽车实验。他制作的重达15.5吨的蒸汽车在惊愕的观众面前飞驰，到达斯凯尔基尔河（Schuylkill）时，他在那里拆下车轮、装上桨轮，沿斯凯尔基尔河上行16千米，后来又返回原地。

埃文斯从小就对面粉厂感兴趣。美国农民大量种植小麦及其他各种谷物，北部特拉华州则专一种植小麦。小麦成熟后需要在面粉厂里进行加工。由于面粉厂中的石磨是由水车驱动的，因此面粉厂大都建立在江河沿岸。

面粉厂里的劳动是很繁重的。工人要背着谷物爬台阶，还要把石磨磨制出来的面粉装入桶里。埃文斯写道：“这样的工作，身体不好的人是干不了的。”“用铁锹把面粉装进桶里，为了干燥和冷却那些堆积如山的粗粉，还要用铁锹把它们摊开，或用耙子搂在一起。”而且“在磨粉厂里，人们在搬运面粉时，一双脏脚在面粉上踏来踏去，因此面粉中混入了很多灰尘。”这种情景使他很吃惊，他感叹道：“人们要是亲眼看到这种情景的话，大概谁也不想再吃面粉了。”

埃文斯决心建设一座人不必进入磨房内就能够自动磨粉的工厂。他在环状皮带上安装上许多吊桶，把它制成一种垂直的传送带。由水车驱动的这种传送带，从下方把谷物提到上方，吊桶中的谷物在上方自动倾倒出来，再由水平传送带将倒出的谷物传送进戽斗中去。

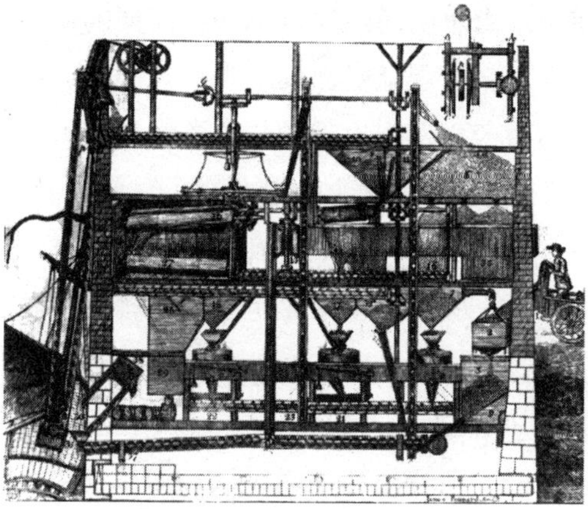

图7-7　埃文斯的自动面粉厂

进入戽斗中的谷物漏入下面转动着的石磨里，磨制成面粉。石磨下方出来的面粉，经垂直传送带又被送到上方，在那里干燥后靠重力作用落下来，把桶装满。到1782年，这项工程大部分已经完成，到1791年全部建成后，获得了特拉华和宾夕法尼亚两个州议会的“专卖权”。但是，这种自动磨粉工厂的推广和普及却并不容易。1788年，埃文斯的弟弟约瑟夫曾拿了埃文斯的设计图纸到马里兰、弗吉尼亚、宾夕法尼亚等各州的面粉厂中宣传游说，可是没有一家面粉厂愿意改变传统的生产办法。直到18世纪90年代后，埃文斯的发明才勉强为人们接受而渐渐应用起来。不久，在埃文斯生活的盛产小麦的美国东部广大地区，几乎全都使用了埃文斯设计的机器。后来，机器在西部也得以推广，到1837年，西部的1 200个面粉厂每年可生产小麦粉200万桶。埃文斯是美国第一个建立自动化工厂的人。

【斯莱特去美国】

到18世纪末，英国各地创建的机械工厂取代了以前的家庭工业，使整个制造业发生了巨大变革。制造水力纺纱机的阿克莱特（Sir Richard Arkuright，1732—1792）对创建工厂有极大的热情，他创建的工厂，安装有使用水力驱动的经过改革操作简便的纺纱机。但是他经常受到工人们的反对，遭受骚扰而处境艰难。当时，发明家只能隐蔽地搞发明，他们煞费苦心发明出来的新机器常常遭人破坏，甚至连他们的家庭和工厂都有可能被人放火烧毁。

阿克莱特就是这样一个人。他遭到各种迫害，在经济上也陷入了困境。他穷得穿不上衣服，以至于每次出门时都很伤脑筋。但是他意志十分坚强，一心一意地创办工厂。他到诺丁汉拜会经济富裕的袜子制造商杰迪代亚·斯特拉特（Jedediah Strutt），热切地交谈了有关“工厂制度”问题。后来，斯特拉特在诺丁汉和米尔福建立了工厂，工厂的设备是阿克莱特提供的。1775年，斯特拉特又在贝尔栢（Belper）建立了工厂，威廉·斯莱特（Wirillam Slater）在选择厂址上帮了他的忙。工厂用地内有急流小河，安设水车极为方便。

威廉的儿子萨米埃尔·斯莱特（Samuel Slater，1768—1835），当时还只有7岁，对工厂建设和安装新机器渐渐发生了兴趣。17岁时，更是决心要做一个能掌握纺纱机机械的技术人员。父亲去世后，小斯莱特为生活所迫于1783年到斯特拉特的工厂当学徒。他对工作热心努力，很快在掌握纺纱机知识方面超过了其他人。也就是在这期间，他得知了美国在寻求研究纺纱机的技术人才。

美国独立战争结束后，有关英国阿克莱特工厂的种种传说流传到美国。宾夕法尼亚、马萨诸塞、罗得岛等州对棉纺织业的关心日益增强。其中特别热心的是罗得岛波塔基特（Pawtucket）阿尔米·布郎公司的摩西·布郎（Moses Brown）。他虽然制造出几台纺织机，但是没有一台好用，因此他悬赏征求英国制造的那种纺纱机，并在费城的报纸上登出了“宾夕法尼亚制造技术联合奖励办法”，公开宣称出100英镑征求新型梳棉机。

l789年，21岁的萨米埃尔·斯莱特见到这条广告时，刚好是他在斯特拉特手下学徒期满、对纺纱机技术已经掌握纯熟而充满雄心的时候。他认为在英国已经不能满足自己的追求，于是便开始制订秘密去美国的计划。当时的英国，技术人员出国是被法律禁止的，而且设计图纸和机械模型也不准带出国去。斯莱特不得已只好穿上农民服装，说一口农村土话，一张图纸也没带身无分文地只身前往美国，在纽约登岸。

到美国后，他最初是在一个只有织布机的小工厂里打工，但是他把自己的技术能力告诉了他认识的一位船长，并提出了自己的希望。这位船长恰好知道波塔基特的布郎正为技术问题发愁，便把斯莱特介绍给了布郎。1789年12月，斯莱特收到了布郎的信，信中说："我这里没有精通水力纺纱机的人。我非常高兴能得到您的指教，以便在美国获得最早建立水力纺纱厂的机会和荣誉。"3个星期后，斯莱特访问了波塔基特的工厂，后来便留在这里制造纺纱机。他要求从新机器所获得的利益中分取一半归自己。

斯莱特凭自己的记忆，绘制出在英国所掌握的纺织机的设计图纸，并在1791年底前制造出了与英国贝尔栢纺纱厂同样的机器。新纺纱机非常好用，它能同时纺出多支纱来，后来致使美国国内纺纱用的棉花供不应求。

【惠特尼的发明】

埃里·惠特尼（Eli Whitney，1765—1825）于1765年12月出生于马萨诸塞州韦斯特波特（Westport）的一个农民家庭。年轻时制造农具、铁线和钉子等物品，23岁进入耶鲁大学学习法律。1792年，大学毕业后的惠特尼在去佐治亚州担任教师的途中，与同船的两个旅客谈得很投机。这两个人是佐治亚州萨凡纳

图7-8　惠特尼

（Savannah）的农场主纳萨埃尔·格林夫人和她的代理人菲尼亚斯·米勒（Phineas Miller）。格林夫人是在独立战争中卓有战功的格林将军（Nathanael Greene，1742—1786）的遗孀。这个农场是政府为了表彰格林将军的功绩而赏给她的。下船后惠特尼到格林夫人的农场暂作逗留。

图7-9　惠特尼的轧花机

这时期，佐治亚州盛行棉花栽种，收获量很大。然而，从棉桃中摘掉棉籽却很困难，一个黑奴工作一天也只能勉强剥一磅棉花。农场主们为了能更多地收获这些使他们发财致富的棉花，迫切希望有人发明一种能代替奴隶缓慢的手指劳动的机器。惠特尼在农场中听到这个消息后，于1793年制造出了比手指劳动效率高出50倍的轧花机，满足了农场主们的要求。

惠特尼发明轧花机后，美国的棉花产量一年内就从500万磅增加到800万磅。在6年后的1800年，猛增到3 500万磅，到了1820年更是达到1亿6 000万磅，1825年增加到2亿2 500万磅，棉花栽培面积的不断扩大，促进了南方奴隶制度的发展。这样一来，惠特尼轧花机的发明，就成为50年后美国南北战争的一个诱因。

【互换式生产方式】

由于惠特尼在生产轧花机的过程中缺少技术工人，因此他设想出一种任何人只要稍经训练就能适应的新的生产方法。首先，把轧花机分成多个部件，一个工匠只制作一种简单的部件，之后把这些分头加工出来的部件加以组装，从而制造出成品。

可是，南方很多农场都仿造了这种轧花机。当时，美国的专利法刚刚制定了3年，对南方佐治亚州的农场主根本没有约束力。

正当惠特尼因轧花机被仿制而苦恼之际，他运载轧花机的船遇上了风暴，工厂还遭受了火灾，机床、工具和设计图纸连同制造出来的轧花机几乎全部被烧毁。他在信中哀叹：“由于多次的灾难，这个事业再也坚持不下去了。”至此，惠特尼只好放弃了生产轧花机的工作。

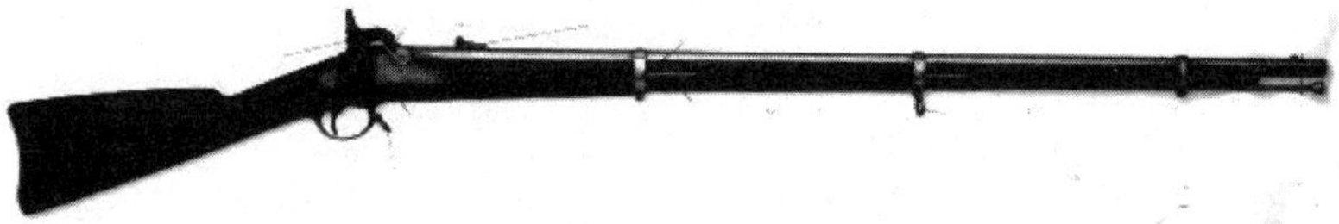

图7-10　尚博古（Chamboed）枪

这一时期，在加勒比海上屡屡发生法国攻击美国船只的事件。美国政府为了采取防御措施，打算制造步枪装备军舰。得知这一消息的惠特尼，认为这是实现他先前所设想的生产方式的极好机会。1798年，他向财政长官提出承造15 000支步枪的申请。政府阁员沃尔科特（Wolcot）接受了他的申请，在协议书上签了字。惠特尼立即着手组织生产，并在两年之内就将一万支步枪交给了美国政府。

惠特尼在枪的生产过程中采取了新的生产方式。他制作了模具，使每个工匠都能按正确的尺寸加工零件。模具能够准确地控制加工工具进行加工，因此，无需再依赖工人的双手和视力就可以加工出合格的零件。他还设计出使工具保持正确位置的装置，并且制造了当工具达到所规定的尺寸时，机器就能自动停止的装置。借助模具进行加工的方法，是当时世界上其他任何地方都还没有的一种新方法。

采取新的互换式生产方式，在康涅狄格州密尔河畔建立起来的惠特尼工厂，成为后来位于卢杰河畔大量生产著名的福特汽车的制造厂的雏形。

当时，如果没有掌握熟练技术的工人，是根本造不出来步枪的。

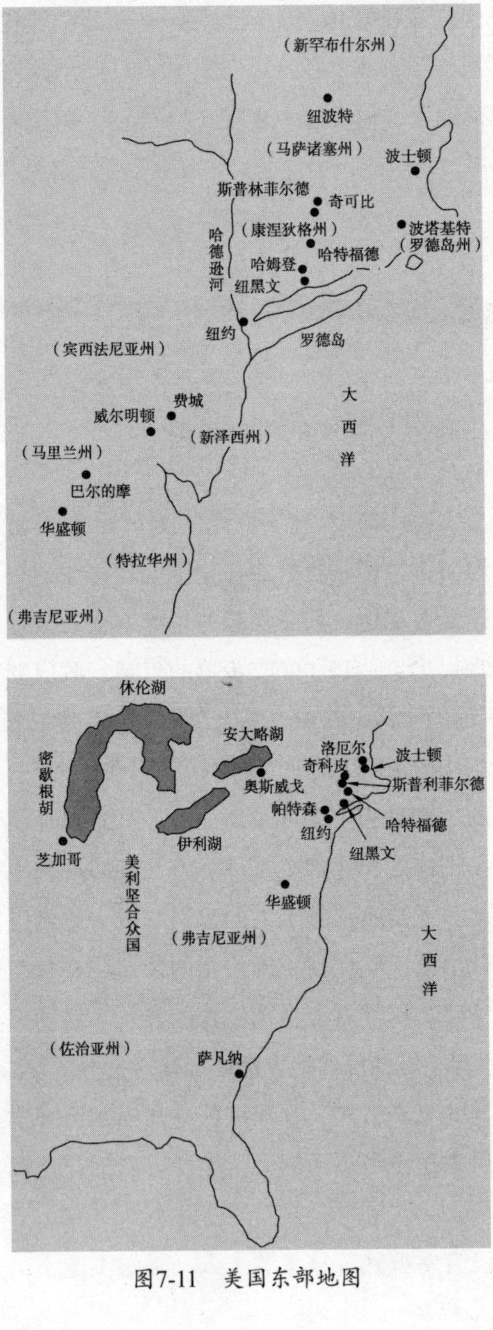
（新罕布什尔州）
纽波特
（马萨诸塞州）
波士顿
斯普林菲尔德
奇可比
（康涅狄格州）
哈德逊河
波塔基特
（罗德岛州）
哈特福德
哈姆登
纽黑文
纽约
罗德岛
（宾西法尼亚州）
费城
威尔明顿
（新泽西州）
大西洋
（马里兰州）
巴尔的摩
华盛顿
（特拉华州）
（弗吉尼亚州）
休伦湖
安大略湖
密歇根胡
奥斯威戈
洛厄尔
奇科皮
波士顿
斯普利菲尔德
帕特森
纽约
哈特福德
伊利湖
芝加哥
纽黑文
美利坚合众国
华盛顿
（弗吉尼亚州）
大西洋
（佐治亚州）
萨凡纳

图7-11 美国东部地图

由于惠特尼制造了可以互换的零件，因而极其容易地解决了大量生产步枪的问题。惠特尼是美国大量生产方式的鼻祖，他亲切和蔼的性格使他结交了很多朋友。除了技术以外，他对文学、艺术、宗教、科学以及政治问题也都有浓厚的兴趣。1825年1月8日，60岁的惠特尼在康涅狄格州纽黑文去世。

Ⅶ-2　互换式生产方式的发展

自从19世纪起，美国开始引进英国产业革命时期的新技术，工业化进程不断加快。到19世纪后半叶，美国矿业生产超过了英国而居于世界之首。

美国的人口由于欧洲的大量移民而渐渐增加了，但是这些移民大多是农民，他们是到西部去开荒种地的，因此掌握工程技术的人员极少。在工业生产中，由于劳动力不足，机械化作业和自动化生产方式的推行就变得尤为重要。为此，工厂只好尽量简化生产体系，使不熟练的工人也能很容易地制造出产品来。于是，这种新的生产管理技术在美国得到蓬勃发展。

美国大量生产方式的创始人是惠特尼。他在1793年发明了轧花机之后又于1798年开始生产步枪，并完善了靠不熟练工人的简单作业大量制造同一尺寸零件的生产系统，也就是互换式生产方式。这一生产方式在斯普林菲尔德（Springfield）兵工厂里得到了进一步的发展。

【麦考密克的收割机】

19世纪初，美国人依靠在辽阔的土地上耕种、砍伐森林、建造圆木房屋而生活。在建造房屋时使用了手斧、板斧、刀子、砍刀、锯之类的工具。由于对这些工具的需求量很大，因此需要一种能用机器大量生产这些工具的方法。

在康涅狄格州哈特福德开设商店的戴维·沃特金森（David Watkinson），雇用两个外甥萨米埃尔·柯林斯（Samuel Collins）和戴维·柯林斯（David Collins）从英格兰的设费尔德进口坩埚钢，再转卖给锻工作坊。柯林斯兄弟对斧子的生产进行了改革，设置了用水车带动的弹簧锤和直径6英尺的大型研磨机。但是真正思考在斧子生产中实行机械化的是24岁时进入该厂的伊莱沙·金·鲁特（Elisha King Root）。

鲁特在少年时期就在马萨诸塞州的维亚纺纱厂当绕线工。后来在以生产工具著名的奇柯皮（Chicopee）工厂独立从事机器制造工作，并为斯普林菲尔德兵工厂制造出了以互换方式生产武器的机器。

1832年，鲁特进入柯林斯工厂。他在这里对斧子的生产进行了一项重大改革。他将以前的机器全部拆除，安装了新型锻造机，制造出金属成型用的模具，并用蒸汽驱动锻造机的汽锤，从而提高了制造斧子的速度。同时，他还安装了能够加工斧子柄孔的机器。这样一来，斧子、镐、锄等工具都可以用机器大量生产了。美国人用这些工具开垦了广阔的森林和草原，种植小麦和玉米。可是，农田里大片成熟的作物，用手工方式无论如何也是收获不完的。

弗吉尼亚州的赛勒斯·哈尔·麦考密克（Cyrus Hall McCormick，

图 7-12　麦考密克的收割机

1809—1884）发明的收割机，可以很容易地收割大面积的小麦。19世纪40年代中期，麦考密克在芝加哥建立了制造收割机的工厂。他在工厂里采用了模具，并把很多机器摆成一排进行流水作业。惠特尼于18世纪末到19世纪初在纽黑文采用的生产方式，在这个工厂中得到了进一步的应用和发展。

这样一来，麦考密克成为大量生产方式的重要开拓者。此外，他还与缝纫机发明家辛格一起，以最早推行按月付款的销售方式而闻名于世。

【科尔特手枪】

1846年深秋，一个青年人来到惠特尼步枪工厂大楼的办公室，拿出一个木制手枪模型要求安排生产。这个青年人就是转轮手枪的发明者科尔特，当时接待他的是惠特尼的儿子。

图7-13　科尔特

塞缪尔·科尔特（Samuel Colt，1814—1862）1814年出生于惠特尼工厂所在地康涅狄格州的哈特福德（Hartford），父亲从事织布工作。科尔特从小就对火药和电池非常感兴趣，并做了各种实验。15岁时他曾在自家附近的一个水池里安上火药，想引爆后顶起水面上的木筏，结果没有成功。在奇柯皮工厂当机械工的鲁特当时恰好路过，看到了他的这个实验。

科尔特16岁时在一个船长手下当见习工。在从波士顿到加尔各答的长期航海中，科尔特发明了手枪，即后来为人们所熟知的“科尔特连发手枪”。1832年春，他对手枪做了改革，并筹措资金在新泽西州的帕特森（Paterson）建立了生产连发手枪的工厂。这项发明于1836年取得了英国和美国专利。

由于在这个工厂工作的人员都不懂得互换式生产方式，因此很难大量生产这种结构精密的手枪。在建厂的5年间，虽然制造了大约5 000

图7-14 科尔特连发手枪（1849年）

支连发手枪，可工厂最终还是没能运营下去，于1842年倒闭。

1846年，美国和墨西哥之间的战争爆发。这场持续到1848年的战争给科尔特的事业带来了新的生机。科尔特与加入合众国军的警备队签订了制造1 000支连发手枪的合同。他到处寻找连发手枪的样品。但是由于帕特森工厂制造的手枪、包括自己使用的都早已卖光，科尔特在无可奈何的情况下只好削制木头手枪模型。

前面谈到的科尔特去惠特尼工厂要求安排生产手枪，就发生在这个时候。惠特尼听了科尔特所谈的情况，即开始准备制造这1 000支连发手枪。为了制造与滑膛枪和来复枪结构不同的这种新型手枪，必须重新制造专用机床及模具、夹具等。同时，科尔特也由此了解到，只有这家惠特尼工厂在进行互换式的生产。

可是，科尔特的目的是能自己生产，因此他把惠特尼工厂里已经制成的新机器和模具全部买了下来。

1847年，这些设备运到了哈特福德，科尔特在这里建立了自己的工厂。两年后他录用了一名工厂管理人员。这个人就是当年科尔特在水池里搞火药爆炸实验时见到的那位机械工鲁特。科尔特在录用他时，是否记起了当年的一面之交不得而知。鲁特努力实现了科尔特在连发手枪的生产中应用互换式生产原理的要求。短短二三年间，哈特福德的兵工厂和它在英格兰的分厂就引起了全世界的关注。

由于零件实行了标准化，在同类零件中选用任何一个加以装配都能安装成成品。同时，鲁特还设计安装了许多半自动化的机床，为了保证工件的加工精度又制作了许多量具，并准备了在更大范围内可以应用的特殊模具和夹具。加工这些辅助工具所需要的费用和制造机床的费用几乎一样多。

这样一来，所谓“美国方式”的大量生产，由科尔特工厂完成了，它所采用的制造方法是相当成功的。之后，许多其他制造业者也都引进了鲁特的方案。鲁特当时绘制的许多机械设计图和说明书，一直保留到今天。

科尔特连发手枪在南北战争中发挥了很大的作用。就在南北战争开始的第二年，即1862年1月10日，科尔特在哈特福德去世，鲁特继任了公司经理。

【豪的缝纫机】

1819年出生于马萨诸塞州斯潘塞一个农民家庭的伊莱亚斯·豪（Elias Howe，1819—1867），由于先天性的腿部残疾，不能在农村劳动。父亲开设的面粉厂和制材厂成为他小时候的娱乐场所。16岁时，他在当时的织布工业中心洛厄尔的一家织布机制造工厂里当学徒，学习机械技术和有关知识。这为他日后的技术发明打下了基础。

他在这家工厂学徒期满后去了波士顿，并在著名的机械技师埃利·戴维斯（Ali Davis）那里，从事制造钟表车床的工作。这个工厂还为哈佛大学的教授们制造具有独创性的精密机械，伊莱亚斯·豪也参与了这些机械的制造工作。

有一天，伊莱亚斯·豪听到来厂访问的客人谈论起缝纫机：“如果谁能制造出缝纫机，谁就能得到一生不再劳动也足够享用的财富。”这句话久久留在他的脑海里，令他念念不忘。

此后不久，伊莱亚斯·豪结婚了。由于接连生了3个孩子，他妻子整日忙于给孩子们缝制衣服。当时的家庭妇女是很辛苦的，她们除了做饭、洗衣服、自制肥皂、蜡烛和照顾孩子外，还要纺纱，织麻布、毛巾、被单、桌布，剪裁和缝补家庭所有成员的衣服。伊莱亚斯·豪认真观察妻子缝纫时的情景，开始考虑如何用机器来代替人的手指的复杂工作。对这个问题，他苦苦思索了好几个月。

曾经有不少人原封不动地去模仿人手脚的动作去设计机器，但是大都以失败而告终。约翰·菲奇（John Fitch，1743—1798）曾设想用蒸汽机带动桨，像人的动作那样划水驱动船只前进，最后也失败了。然而，模仿水车安装桨轮的蒸汽船却建造成功了。

1844年，伊莱亚斯·豪在观察织布工手里拿着的穿过纬线的梭子时，脑海中浮现出一个想法，如果将针孔不是开在针柄而是开在针尖上，那么即使针不完全穿过布，也能使线穿过布。当针垂直地穿过布在布背面就会形成一个线环，如果再有另一根引线的梭子穿过这个线环，这两根线就可以达到缝纫的目的了。

伊莱亚斯·豪在从戴维斯的工厂里听到来访者谈论缝纫机之后的第六年，即1845年研制成功了第一台缝纫机，当时他26岁。他制作的这台缝纫机现在仍保存在华盛顿国立博物馆里。

起初，伊莱亚斯·豪将这台机器送给裁缝铺使用，但遭到了拒绝。由于人们对他的这项发明并不在意，因此伊莱亚斯·豪打算把这台机器带到英国去。于是他派他的弟弟阿马萨（Amasa Howe）去英格兰，与制造妇女紧身裙的威廉·托马斯（William Thomas）进行交涉。托马斯是一个十分奸诈狡狯的商人，他善于从发明家手里用低价买进专利而赚钱。

托马斯想用伊莱亚斯·豪的机器缝制紧身裙和皮革，于是招聘伊莱亚斯·豪来英格兰。伊莱亚斯·豪认为这是对他长期辛苦的报答，很高兴地于1846年带着妻子和3个孩子远涉重洋来到了英国。但是托马斯把需要的一切技术弄到手后，就把他一脚踢开了。这使得伊莱亚斯·豪一家沦落到住进伦敦贫民窟的窘境。最后伊莱亚斯·豪用专利证书作抵押，并在船上厨房充当帮工才得以回国。

图7-15　伊莱亚斯·豪的缝纫机

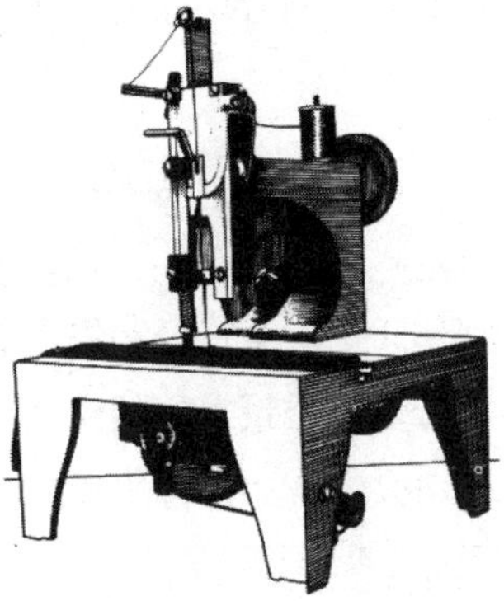

图7-16　辛格缝纫机

【辛格缝纫机的大量生产】

1811年出生于纽约州奥斯威格（Oswego）的伊萨克·梅里·辛格（Isaac Merrit Singer，1811—1875）在19世纪50年代开办了工厂，制造加工布、皮革及其他各种材料的机器。一个偶然的机会，有一台坏缝纫机因为要修理而被送进工厂里来。

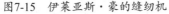

虽然以前辛格并没有见到过缝纫机，但是他不仅对坏的地方进行了修理，还对整个机器的缺点做了分析，后经过改革制造出了性能更好的缝纫机。这种机器与伊莱亚斯·豪的一样，在针头上开孔，针在布上垂直运动。他还发明了把布压住的“自由压铁”和使缝就的布向前移动的“连续导轮”等装置。

辛格改造的缝纫机和伊莱亚斯·豪的一样采用了梭子原理，通过上线和下线把布缝起来，却更为方便和快捷。于是辛格开始出售经过改革的性能更好的缝纫机。但是事隔不久，伊莱亚斯·豪发现辛格采用了他设计的缝纫机上的两个机构，因此提出侵犯专利权的诉讼。虽然辛格雇了卓越的辩护律师爱德华·克拉克（Edward Clark）应诉，但最后还是伊莱亚斯·豪获胜。此后，所有的缝纫机制造商们都必须向伊莱亚斯·豪支付专利使用费。这样一来，伊莱亚斯·豪变得富有起来，他总算实现了年轻时代所追求的理想，拥有了不劳动也足够享用一生的财富。

另一方面，辛格让克拉克也参与了公司的经营，为缝纫机的制造和销售出力。克拉克发挥了企业家的卓越才能，渐渐地使辛格公司发展起来。到1850年，辛格公司生产的缝纫机得到了社会上的广泛好评，被认为是同行业中质量最好的产品。辛格还采用了互换式生产方式。1870年后，公司以年产50万台的大批量生产规模不断发展壮大。

辛格-克拉克公司于1856年开始实行分期付款的办法，用户第一次仅付为数不多的定金就可以把缝纫机拿到手，以后再分期支付剩余的金额。

通过这种方式，高价的缝纫机可以比较容易地销售出去，因此缝纫机很快便在全世界普及了。辛格与麦考密克一起，都是今天按月分期付款制度的创始人。

这样一来，由武器制造工厂开创的互换式生产方式，在缝纫机生产中也得到实际应用，后来在打字机、自行车以及汽车制造业中，得到了进一步的推广和发展。

图7-17　辛格家用缝纫机

Ⅷ. 大量生产时代
——自动化

英国产业革命时期发展起来的各种机械，极大地提高了工厂的生产效率。欧洲和美国陆续出现了许多工厂，人类生活的必需品逐渐丰富起来。

可是在美国，由于熟练工人不足，加之自由平等精神深入人心，迫使生产向着机械化大量生产方向发展。但是要想进行大量生产，只改革加工机械、提高其性能是不够的。也就是说，要使大量生产能够顺利地进行，必须对各种效能良好的加工机械以及对操纵使用这些机械的工人加强管理。弗雷德里克·温斯洛·泰勒（Frederic Winslow Taylor，1856—1915）最早注意到了这个问题，并提倡以科学方法管理生产。

Ⅷ-1 泰勒与福特

【塞勒斯】

美国南北战争结束后，各地的工业生产逐渐活跃起来，各城市间的物资交流与日俱增。铁路作为当时最先进的运输工具得到了很快的发展，因此需要有大量钢铁来制造机车和铁轨。但是，南北战争后的美国还没有能够生产优质钢材的企业。

1867年，费城的资本家请来了英国设菲尔德的刃具制造者威廉·布彻（William Butcher）创办钢铁公司。布彻采用的是坩埚法炼钢。使用这种方法虽然能够炼制出优质钢来，但是产量很低，而且用这种钢制造

图8-1　塞勒斯

机车车轮等造价也太高，因此布彻的炼钢厂亏损很大，以至于很难再维持下去。

使美国炼钢技术重新恢复发展起来的，是生产机械工具的“威廉-赛勒斯公司”的经理威廉·塞勒斯（William Sellers，1824—1905）和银行家克拉克（F.W. Clark）。

塞勒斯于1824年9月19日出生于宾夕法尼亚州的特拉华，10岁时就到叔父约翰·布尔（John Poole）开设的机械厂当学徒，21岁时已经成为一个可以自立的机械技师了。1845年，他受聘在普罗维登斯（Providence）的班克罗夫特公司的机械厂担任指导工作。1848年他在费城创建了自己的工厂。在这个工厂中，塞勒斯除了设计制造机床外，还制造机车车轮。他的公司后来与班克罗夫特公司合并成“班克罗夫特-塞勒斯公司”。1856年班克罗夫特（Bancroft）去世后，这家公司改名为“威廉-塞勒斯公司”。1868年，塞勒斯担任了经理。

同年，塞勒斯设立了埃吉姆亚铁材公司，开始大量生产铁材。1876年，费城举办博览会会场所使用的铁材，以及为博览会架设的布尔库里桥所用的铁材，都是这家公司生产的。

1873年，塞勒斯在费城的耐斯塔温创建了密特巴尔炼钢公司，自任经理。这家公司在美国最先采用了平炉炼钢法生产优质钢，还制造机车车轮和机车车轴。1875年，美国政府向国内企业主提出加工定制沿海警备队向遇难船投射绳索用的曲颈炮时，接受这一订货的就是密特巴尔炼钢公司。塞勒斯出色地完成了这一任务，由此奠定了该公司的发展基础。

【塞勒斯螺纹】

塞勒斯既是一个在事业上获得成功的企业家，又是一个从事技术研究的发明家。他经常注意对机器和工具进行改革，研究发展了锻

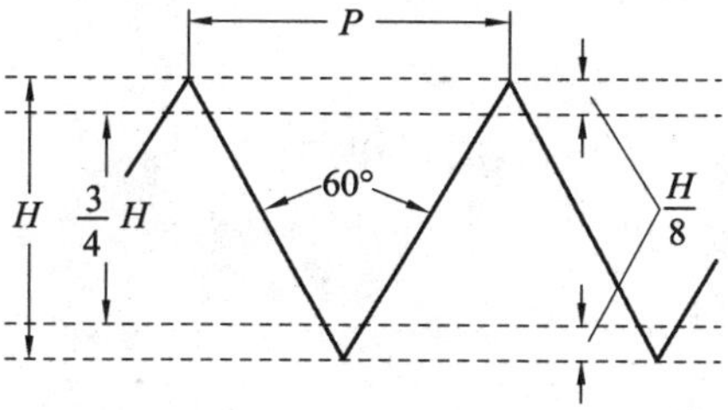

图8-2　塞勒斯螺纹

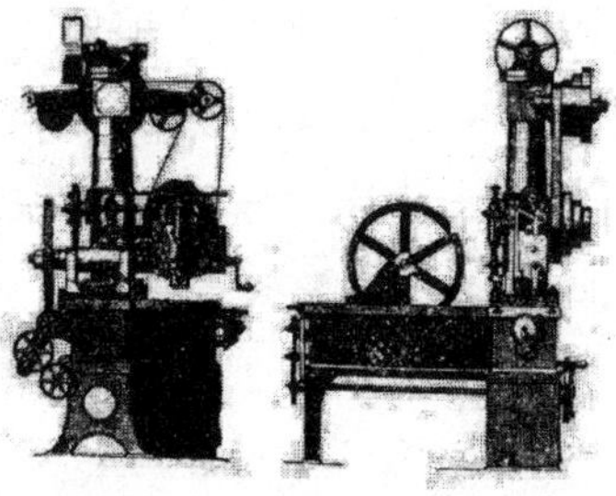
图8-3　塞勒斯的车床

造方法，发明了制造螺栓的新型水压机，同时还对水压制钉机、起重机、钻孔机、凿孔机以及许多机床进行了改革和制造。由于他研究出了许多技术发明，使密特巴尔炼钢公司取得很大发展。1873年，该公司工作人员只有70人，到1878年增加到400人左右，1882年发展到了600多人。

随着各种机器的大量生产和普及，从而出现了使产品规格化的趋势。1841年，英国的惠特沃斯（Joseph Whitworth，1803—1887）把螺纹尺寸做了某些规定，提倡标准螺纹。塞勒斯在从事各种机器的生产中，也同惠特沃斯一样，提出了螺纹尺寸规格化的建议。

1864年，塞勒斯公布了他设计的标准螺纹的尺寸，规定螺纹剖面为顶角60度的等腰三角形，在螺纹的顶部和底部各为高的八分之一处切成平面。此外他还提出了按标准尺寸制造螺栓和螺母的建议。4年以后，塞勒斯提出的螺纹标准为美国政府采用，并得到普及。

塞勒斯对切削刀具也进行了研究。以前，刀具头部形状是工人依据自己的经验制成的，而塞勒斯则是通过实验来努力找出最佳的刀具形状。他将这一研究成果在自己的工厂中推广应用，从而提高了生产效率。

【提高效率运动的背景】

19世纪后半叶，由于生产中广泛使用各种机器，因此机器的需要量越来越大。铁路的铺设逐年增加，交通运输的便利更促进了机械的普及。同时，新工厂和各种建筑物也大批建设起来，作为工程材料的钢铁，其需要量也随之不断增大。

由于在南北战争中使用的铸铁大炮经常在发射时损坏，因此用坚韧的钢材来代替铸铁显得十分重要。当时，钢是用坩埚炼制的，产量太少，因此人们迫切需要找出能够大量炼钢的方法。

在欧洲，贝塞麦（Henry Bessmer，1813—1898）在1860年取得了转炉炼钢法专利。旧式炼钢炉几个月所生产的钢，用这种转炉十几分钟就可以炼制出来。1864年，西门子—马丁炼钢法完成后，又出现了平炉炼钢。

美国也在努力采用这些新的炼钢方法生产钢材，用于在新开发的地区铺设铁路或建设建筑物。随着钢材的大量生产，当时的木制机器逐渐为钢制机器所取代。

钢材的大量使用，使机器精度显著提高。在机械制造中，不再完全依靠工匠的个人技巧，而更需要那些能通过一定的计算进行设计和制造的工程技术人员。

在理论上和实践中掌握基本技术的技术人员，在工厂中发挥了重要作用，他们的社会地位也得到了改善和提高。

南北战争之后，美国的产业逐渐向大型化发展，工业生产也随之扩大，结果引起了通货膨胀。1873年后，生产与消费间的矛盾进一步激化，从而导致了经济危机。

在此之后十年间，物价持续下跌，生产极不景气。铁路经营者、煤矿经营者以及其他许多公司企图用压低工人工资、实行强化劳动的办法摆脱困境。而工人方面则增强了团结，并采取罢工等方式与资本家对抗。美国的劳动工会就是在这一时期创立起来的。此后，工人运动迅速发展，许多工人冒着生命危险与资本家进行斗争。

由于工人斗争的胜利，8小时工作制得以实现。工人运动阻止了资本家降低工人工资的企图，有效地保障了工人的利益。

为了摆脱困境，各个企业间展开了激烈的竞争，争相采用新机器和新技术，努力提高生产效率以增加利润。又由于实行了8小时工作制，因此如何在有限的时间内提高生产效率成为了各个企业关注的焦点。这样一来，自1880年开始出现的提高效率运动在之后的20余年内不断向前推进。

以倡导科学管理法而闻名的弗雷德里克·温斯洛·泰勒，是在1878年进入密特巴尔炼钢公司工作的。

【泰勒】

<经历>

泰勒的父亲开设了一家律师事务所，母亲精通法语、德语等语言学。父母都希望泰勒将来成为一名律师。但是1874年泰勒进入哈佛大学后患了眼病，只好中途退学，在费城的一家机械工厂当见习工。

图8-4　泰勒

在工厂中，泰勒虽然工资微薄，可是他在4年的时间里勤奋学习，很好地掌握了木型工和机械工的全部技术。1878年，他进入密特巴尔炼钢公司，当了一名领取日薪的工人。

密特巴尔炼钢公司的经理威廉·塞勒斯是一位奠定美国机床工业基础的人。尽管他未受过多少正规的学校教育，可是他曾对车刀的形状和角度进行了大量的研究，对各种机床也做了不少改革。泰勒在这样一个精通机械技术的经理手下工作了12年，的确是很幸运的。

在炼钢厂当车工的泰勒，不久即发现同伴们有意怠工。两个月后，他被任命为车工组长，在车床加工方法问题上开始与工人们发生争吵。

对此，泰勒分析说：“我指导一个工人的工作，我先做出示范，然后让他照我的方法去做，结果就提高了工作效率，干出比以前更多的活来。但是其他工人并不按我的方法做，他们丝毫也不想提高生产效率。对某一个人来说，如今只要他在做和别人同样的工作，那么这个人决不想比他的同事们做得更多。”

这种有意怠工，在当时的工厂里几乎是普遍存在的。

＜金属切削方法的研究——科学管理方法的开端＞

泰勒在当车工的工作中，发现同事们有意消极怠工，他对如何消除这种现象做了深入的思考。

在当时的美国工厂里，管理者与工人之间充满了威胁与矛盾、不满与猜疑、虚伪与欺骗。工作分派马马虎虎，工资分发也很混乱，这样就助长了互相讨价还价和互相欺骗的风气。

如果工人勤勤恳恳地干活，无疑可以提高产量，但是真这样去做的话，承包价格就会下降，工人们是不会同意的。因此，他们只好压低效率，有意地限制生产。

泰勒认为，要想改变这种状况，仅仅对工人进行操作方法的教育是无济于事的。要想真正提高车工的工作效率，首先需要研究的一个基本问题是，应当用什么方法进行切削。

如果金属切削方法是科学的，那么就可以依此为基础正确地决定工人的工作量。这样，工作才不会仅凭估计和经验，而是以数据为基准，劳动效率才会提高。

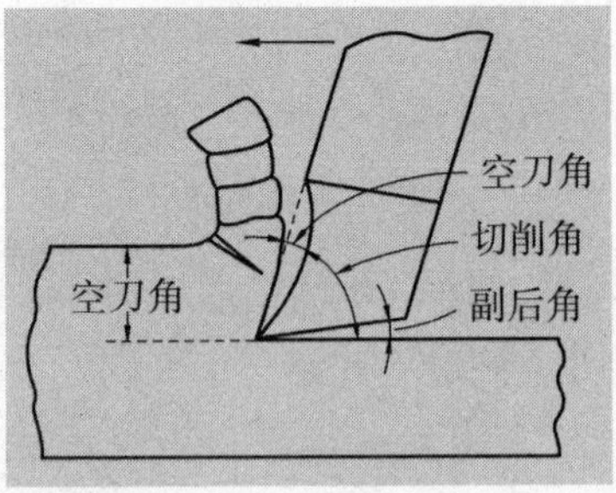

图8-5　金属的切削

要想进行正确的管理，首先要从研究金属的切削开始。由于泰勒在切削金属时，对于如何选用刀具、如何调整刀刃角度、如何掌握切削速度及进刀量等问题根本不清楚，因此他首先从这些问题入手进行研究。

动作时间的测定，即所谓时间研究。它不仅对切削作业，对其他操作也是适用的。泰勒在对每个切削动作所需要的时间做了测定的基础上，又对所有的工作动作都进行了测定。

<时间研究的插曲>

在叙述时间研究时，有必要谈一下泰勒学生时代的一段经历。

泰勒16岁时，发现老师布置的作业题总能在两个小时内完成。他脑海里产生了一个疑问：老师每次是怎样估算才使学生在两个小时内恰好完成作业的呢？他带着这个问题仔细地研究了老师的奥秘。

他发现老师在备课时，对学生解题所用的时间是做了计算的。如果事先弄清楚学生解题所用时间与老师解题时间的比例的话，那么显然就可以估计出学生用多少时间能把题解完。

认识到这一情况后，泰勒懂得了如果想要恰如其分地去做某一件事情，测定时间是非常有用的方法。后来，泰勒对切削以及其他动作时间的研究，与他年轻时的这段经历密切相关。

起初，泰勒打算用工厂的球磨机对金属切削进行研究。然而用由统一的天轴皮带驱动的这台机器进行实验，需要使原动机的转数出现变化。这样一来，这台原动机带动的其他机器的转数也要随之发生变化，因而势必给其他工人带来麻烦。但是实验又一定要做，泰勒只好向经理塞勒斯提出申请。塞勒斯曾亲自对刀具进行过研究，理解这一研究的意义，因此很高兴地同意了泰勒的申请。

泰勒刚开始研究金属切削问题时，预计实验要用6个月的时间。可是实验一经开始，各种问题就接连发生，因此这项研究一直持续了26年之久。

泰勒在密特巴尔公司工作期间，曾通过哈佛大学的函授教育学习了数学和物理学，后来在新泽西州的史蒂文斯工业大学获得了工学硕士学位。

泰勒直到1887年辞去密特巴尔炼钢公司的工作为止，一直在进行金属切削实验。在泰勒辞职前，塞勒斯也因为与不懂技术的经验主义者意见不合而辞去了经理职务。

<高速钢的发明>

当时，机床使用的刀具是1871年输入美国的，是由英国泰特尼克炼钢公司的马希特（Robert Forester Mushet，1811—1891）发明的空冷自硬钢制成的。后来还使用了一些经过改革的马希特空冷自硬钢制成的刀具。

马希特钢含有较多的碳和钨，此外还含有锰。马希特钢是将钢从高温中取出直接拿到空气中冷却硬化的，因此在切削能力以及耐用方面都比原来使用的碳素钢更为出色。泰勒将马希特钢中的锰换成了铬，试图对刀具材料进行改革。

泰勒退出塞勒斯公司后，当了3年造纸公司的总经理。1893年，开始了“科学技术顾问”[1]这一新的职业。

他担任科学技术顾问时所做的第一件工作，是接受制造自行车滚珠轴承的塞门特轧制机公司的委托，改革会计制度。

但是，泰勒在密特巴尔公司长年进行的金属切削实验远未结束，他还想将这一工作继续下去。泰勒在费城产业界有势力的人物中颇有些名气，因此当泰勒提出对克兰普公司的机械工厂进行改革时，很快就得到了公司的赞同。实行泰勒主张的管理方式，首先需要确定作业时间，以便在规定时间内安排应当完成的额定工作量，这就要求一切方法必须实行标准化。所以说标准化是实行泰勒管理方式的极为必要的前提。而且，在一些标准化中也包括机器转速的标准化。

要实行机器转速的标准化，在确定机器转速时首先必须科学地确定刀具的切削速度。为此，不仅要确定刀具的形状，最根本的是必须确定刀具的材料，即工具钢的种类。

[1] 科学技术顾问（Consultat engineer），具有大学毕业证书，有7年以上工作经验，通过国家考试合格获得的资格。

当时，一般人普遍认为用空冷钢制成的刀具比碳素钢刀具更适宜切削硬质工件，而软质工件则用碳素钢切削为好。可是泰勒并不理会这些评价，他亲自对这两种钢制成的刀具进行了对比实验。结果表明，用空冷钢制造的刀具切削硬质钢或铸铁时，速度可增加45%，而切削软质工件时，速度增加率可达90%。这次实验之后，工厂里所有的切削作业，包括“粗加工”也全都改用空冷钢刀具了。以前，机械制造业者一再告诫工人，在使用空冷钢刀具时决不能用水冷却。可是这次实验证明，当刀具头部用大量的水冷却时，空冷钢的切削速度还可以增加33%。这件事充分体现出泰勒作为一个实际技术工作者的可贵气质。

从那以后，制造刀具的材料全部改为了空冷钢。然而生产空冷钢的厂家有好多家，每一家产品的情况又是如何呢？泰勒在克兰普造船厂和塞勒斯的共同资助下，再度通过实验解决了这一问题。最后，他选中了两个厂家的钢材品种，根据实验确定在这两种钢当中，选用密特巴尔公司生产的钢制造的刀具，可耐受更高的切削速度。

加快机械工厂中各种操作速度的主要目的，是提高劳动生产率。为此，泰勒进一步通过实验摸清了刀具在磨削前、锻造及热处理时应当掌握的最佳温度，以便得到更高的切削速度。他还选择了能耐受最高切削速度的刀具作为标准刀具。

制造钢板的伯利恒（Bothlehem）炼钢公司聘请泰勒研究工厂制度的近代化，泰勒于1898年5月接受了这份工作。当时泰勒提出的条件是：

（1）要使工厂的经营独立化；

（2）根据经营情况所决定的政策，确定规章制度；

（3）取消日薪制，实行计件工资。

为了实现上述各条，他还主张在机械操作和工作管理上不能听凭工作人员的个人判断，而必须实行标准化。为了确定这一标准，泰勒提供了有关切削工具的形状、淬火、研磨、保养以及工具钢的特性、切削速度和进刀量等一系列资料。

表8-1 空气自冷钢的成分 单位（%）

	碳	钨	铬	锰	硅	磷	硫
密特巴尔钢	1.143	7.723	1.830	0.180	0.246	0.023	0.008
马希特钢	2.150	5.441	0.398	1.578	1.044	—	—

为了实行标准化，泰勒又开始对切削工具进行实验。他在这家公司前几年雇佣的史蒂文斯工业大学毕业生、金属技师怀特（White，J. Maunsel）的帮助下，制定了实验计划。

实验的目的是求得在最佳切削速度下的适宜温度，以及确定刀具的极限速度。实验中必须正确地测定温度，为此泰勒通过函购买来了法国沙托尼耶（Chatonnier）发明的高温计。

“令人惊奇的是，加热到高温达1 725华氏度以上的工具比以前的任何一种工具都好，而以前认为加热到闪烁着带粉红光泽的红色时的温度才是最佳温度。实际上，从1 725华氏度到熔点之间，加热温度愈高，就愈容易得到切削速度高的工具。”（泰勒）

就这样，被称为“泰勒-怀特钢”的高速工具钢得以问世，后来泰勒把这种钢规定为标准工具钢。

1900年，在巴黎举办的世界博览会上展出了这种高速工具钢，并以每分钟145英尺的切削速度做了低碳钢的切削实验。其切削速度之高使观众惊叹不已。用碳素工具钢制成的刀具，切削速度一般仅为每分钟12英尺，因此泰勒的发明是一项具有革命性的发明。这种高速工具钢的出现，使美国的机床效率显著提高。此外，为了增加机床的转数，泰勒还改革了机械设计，提高了机床性能。

<科学管理法的完成>

由于高速钢的发明解决了制造刀具的材料问题，泰勒的金属切削研究就只剩下使用这种刀具时如何选择切削速度的问题了。为此，泰勒研究了决定切削速度的各种条件，并进行了实验。1899年6月，数学家皮尔斯（Charles Sanders Peirce，1839—1914）被请到伯利恒公司协助泰勒制作了一种计算尺，用这种计算尺可以很快地算出工人在给定的操作条件下，应当使用的刀具角度、吃刀深度、切削速度以及进刀量等方面的最佳值。这种计算尺于同年12月在工厂中实际应用。结果表明，一个一般水平的工人完成的生产量要比全凭经验操作的具有10年工龄的一流机械工所完成的产量，高出10倍。

泰勒一面进行上述实验，一面稳步而顺利地进行他原定的改革工厂管理的工作。他对伯利恒公司内部进行了改革，设立了负责集中制订生产计划的“制造部”和负责计划经营的“计划部”，并向经理提出了改革会计制度的报告。可是在这些改革还没付诸实现的时候，即1901年5月，泰勒退出了伯利恒公司。

泰勒是以创立机械厂的管理制度为目标而开始研究金属切削问题的。这项研究前后共经历了26年时间，有记录可查的实验次数就有3万～5万次，切削废的钢材达80万磅，耗资15万～20万美元。

泰勒退出公司后，即开始着手撰写工厂管理方面的论著，并于1903年6月在美国萨拉托加（Saratoga）召开的机械学会年会上发表了以《工厂管理》为题的论文。1905年，泰勒在他50岁时担任了机械学会会长，他就职演说的题目是《关于金属切削的方法》。

1909年，泰勒在吉尔布雷斯（Frank Bunker Gilbreth，1868—1924）的劝说下，着手撰写关于管理法则的论文。1911年这篇论文在《美国人》（《American Magazine》）杂志上以《科学管理法原理》为题分三次连载。这就是著名的泰勒体系的“科学管理法”。

其基本内容是：

（1）管理者要把工作分解为各要素，对这些要素分别进行科学研究，排除其经验成分；

（2）管理者要依据科学性的资料选定和训练工人，使他们熟悉工作内容；

（3）管理者要与工人共同努力，按科学原理进行工作；

（4）管理者与工人对工作要分别承担责任。

＜泰勒体系的功与过＞

泰勒注意到与自己一起劳动的同事故意降低产量。为了消除这种有意的消极怠工现象，他研究了其原因，客观科学地规定了“公正的日产量”，并开始对金属切削和时间进行研究。他并不是以金属切削操作中的任何直觉和经验的东西为依据，而是对影响金属切削过程的各种因素加以科学的阐明。研究金属切削的理论并不是泰勒的目的，他的最终目标是要确立工厂管理法。他主张，工厂管理必须认识到提高生产效率的重要性，同时需要搞清楚各个基础性环节。显然，这些观点都是正确的。

但是，以什么为基准来“公正”、“标准化”地确定一天的工作量呢？正如上文所述，他是以“一流工人的最快劳动时间”作为正规作业时间的基准，而且力图把所有工人都训练得能在这个最快的劳动时间里完成有关操作，并依此来确定工资标准。这对有权决定“公正的一天的工作量”的资本家，也就是管理者来说无疑是符合他们利益的，并被他们确认为正确的理论。泰勒的科学管理方法发表之后，立即被美国的许多企业所采用，许多管理者也和泰勒一样，认为“管理的目的在于保护雇主的利益，同时也给工作人员带来好处。”这种想法意味着，如果生产得到发展，工人工资就可以提高，劳资的利害关系是一致的。然而之后的事实证明，劳资利害关系并不一致，劳资间的斗争从来就没有停止过。

图8-6　福特

要想扩大生产，显然必须用最短的时间毫无浪费地去完成工作量。泰勒设想的最大不足，就是缺乏关于工人疲劳的科学知识。

【福特】

美国的机械制造技术，在较短的时间内就取得了令人惊异的发展。采用互换式生产方法努力向大量生产方式过渡，这是符合美国的建国精神的。美国人的基本想法是，人类是平等的，别人有汽车，自己也应当有。这就要求一切物品都要大量廉价地生产出来。

汽车是非常方便的交通工具，但是汽车在最初制造出来的时候，由于价格昂贵，只能是少数富翁们的奢侈品。美国的亨利·福特（Henry Ford，1863—1947）认为，任何喜欢汽车的人，都应该很容易地买得起它。他是最早实现了这一理想的人。

福特生于密执安州格林菲尔德（Greenfield）的一个农民家庭，是家中的长子。16岁时他到底特律的机械厂当了一名见习工。

1893年，杜里埃兄弟（Frank and Charles Duryea）制造出单缸发动机，翌年，将它安装在四轮马车上驱动行驶。这就是美国最早的汽油汽车。1891年，法国勒瓦索尔（Levassor）公司制造的第一台汽油汽车开始行驶。

图8-7　杜里埃

同一时期，许多发明家各自独立地进行了汽车的试制工作。由于当时还没有汽车这个词，汽车一度被称为“没有马的马车”。欧洲对汽油汽车进行研究发明的消息，是在

图8-8　杜里埃的汽车

图8-9　奥尔兹的汽车

1888年以后才传到美国的。1895年，美国已有3 700台汽车，其中蒸汽车2900台、电动车500台、汽油汽车300台。

后来，机械工业在美国逐渐发展起来，制造汽车零件的工厂不断出现。兰塞姆·伊莱·奥尔兹（Ronsom Eli Olds，1864—1950）看到这种情况就建立了汽车装配工厂。其中车体、轮胎、弹簧、底盘、汽化器及其他零部件全部外委加工。1901年，所谓“Olds Mobile”的单缸汽车制造成功。20世纪初，这种汽车在美国得到了广泛的应用。

福特独立地掌握了机械技术。他认为对生活在美国这样辽阔土地上的人们来说，汽车不应当被视为奢侈品，而应是生活必需品。因此制造便宜而耐用的、任何人都可以买得起的汽车是非常必要的。他还认为，如果能制造出这种汽车肯定能大量销售出去。

不久后，福特开始自己设计汽车。他亲自动手用锤子、扳子加工制

图8-10　T型福特车

图8-11　斜面的利用

造，并于1896年制成了第一台汽车。这台汽车的发动机由蒸汽机排气管连结两个汽缸，用两根传送带连结两个大小不同的车轮，在行驶过程中可以任选两种不同的速度。但这台汽车不能后退，也没安装制动器。

福特在1890年被爱迪生电气公司聘请担任主任技师。他的第一台汽车就是在这里工作时利用业余时间完成的。

1903年，福特创办了福特汽车公司。40岁的福特自任经理。他一心想制造廉价的大众化的汽车，为此设计了独特的生产方式。1908年3月，他对全国的福特汽车销售店声明，今后把汽车的型号单一化，开始大量生产廉价的汽车。这种汽车就是著名的由四缸20马力发动机驱动的“T型福特车”。

＜大量生产方式的确立＞

自1861年开始一直延续到1865年的南北战争，对美国经济产生了很大的影响。战后美国由农业国转变成了工业国，资本有了积蓄，资源得到开发，人口有了增长。在以个人的自由平等为基本出发点的资本主义精神旗帜下，经济社会有了显著的进步。以卡内基钢铁工业、洛克菲勒石油工业、西屋电气工业、摩根金融业为代表的美国资本主义迅速发展起来。美国大陆的广大销售市场对发展汽车工业是极其有利的。当时，对汽车工业发展更为有利的因素，则是从美国各地开采出来的丰富的石油燃料。

图8-12　福特汽车大量生产

20世纪初，美国大约拥有8 000台汽车，但到1910年就增加到46万台。其中福特汽车公司的“T型福特车”的生产量直线上升。为了满足社会对“T型福特车”的需要，福特汽车公司不得不调整增产体制。为此，福特在工厂内做了多次整顿，实现了加工机器自动化，生产方法高效化，并积极引进新的工艺方法。1910年，福特汽车公司的工厂内开始利用斜面自动输送汽车部件，这种方法至今仍被一些生产部门采用。1913年，福特在永磁发电机的装配生产线中引进了新的方法，采用了传送带。这种方法很快推广到发动机的装配和车身底盘的装配方面。

这样一来，福特汽车厂在1913年一年间平均日产汽车1 000台，1914年生产了24.8万台，约占美国当年汽车总产量的一半。

当时，许多工厂的劳动时间每天大约在10小时左右，而福特汽车公司很早就实行了8小时工作制。流水作业方式也影响到汽车的价格，美国汽车售价在1908年为每台平均2 000美元，可是到了1913年就降为850美元，到1917年则降到600美元，10年间销售价格大约下降了三分之二。福特汽车公司工人的日平均工资为5美元，而当时其他工厂工人的日平均工资仅在2.4美元左右。这样，福特汽车公司就以劳动时间短工资高而闻名于世。

<福特与爱迪生>

1896年，福特出席了爱迪生照明公司联合会的宴会。这时他正受聘于底特律爱迪生公司担任发电厂主任技师。在这次宴会上，福特第一次与爱迪生会面。福特很早就非常崇拜像爱迪生（Thomas Alva Edison，1847—1931）这样的伟大发明家，而且他认为，像爱迪生这样的人作为自己的竞争对手才是相称的。福特不善于辞令，在伟大的人物面前更显得胆怯，常常不能流利地讲话。可是当爱迪生向他询问起汽车构造时，虽然他年轻的面孔涨得通红，却一反常态地热情地向爱迪生作了说明。福特的话引起了爱迪生很大的兴趣，爱迪生鼓励他说：“靠自载燃料行驶的车是很完备的，继续干下去吧！”

正当福特利用自己的休息时间制造“四轮汽车”遇到很大困难而丧失信心的时候，能从自己所崇敬的伟大发明家那里得到这样积极的鼓励，确实使他感到勇气倍增。福特回到底特律工厂后，立即辞去了在爱迪生公司的职务，并于1899年创办起最初的小型汽车制造厂。

图8-13　福特（左）与爱迪生（右）

从福特与爱迪生初会之后，两人之间的友情日益加深，并在各自的生平中占有重要地位。这两个人的出身、社会背景都很相似，还具有共同志趣，可是在精神面貌和气质上却截然不同。

福特喜爱乡村舞蹈、古老歌曲和农村风俗，关心在流水作业中从事劳动的工人。他不惜花费巨资，在迪尔本（Diarborn）重建了他年轻时所熟悉的具有古典风格的庄园，并生活在那里。

福特还具有人道主义思想，这一点与爱迪生是一致的。1914年，第一次世界大战开始。1915年，美国出现了一个爱国者团体，大肆宣传“备战形势”。福特对此公开表示反对，并站在和平倡导者的最前列乘“和平之船”于当年圣诞节渡海去欧洲，劝说欧洲各列强放下武器。福特在斯德哥尔摩的游说虽然充满善意，但是不久之后他的和平梦想还是破灭了。回到美国后，福特于1917年突然改变了他的信条，抛弃了和平主义，而作为一个充满战斗精神的爱国者出现在战争工业的舞台上。

福特这个百万富翁，对于单纯追求金钱极端蔑视。1936年1月25日，福特和他儿子爱德塞尔·福特（Edsall Ford）共同拿出大约5亿美元的财产，创办了以增进人类福利事业为目的的公益财团——福特财团。

图8-14　汽车在普及

福特在汽车生产中引进的传送带流水作业法（Conveyer System），显著地提高了生产效率，因此这种方式在世界各地很快推广开来，不仅在汽车装配上，而且在机械工厂的各个部门中都得到了普及。

这样一来，创始于美国的大量生产方式，在世界各国都得到了推广。人们生活中的各种必需品被大量地生产了出来。人们的生活逐渐地富足起来。

进入20世纪后，具有划时代意义的新技术发明减少了，但是人们却对过去所发明的各种技术进行了改造，把它们组合起来使整个生产系统得以更好的控制，从而提高了生产效率，制造出大量的物品来。

Ⅷ–2　运输工具的发展和电子学的诞生

始于以汽车的大量生产为标志的20世纪技术，综合利用了19世纪末已完成的各项技术发明，取得了前所未有的成果。在18世纪后半叶发明的具有强大动力的蒸汽机，无论是作为工厂动力，还是用它制造的蒸汽机车后来均得到了急速的发展，并对生产和运输产生了巨大影响。正如史蒂芬森（George Stephenson，1781—1848）所预想的那样：“铁路有可能代替其他一切运输方式，邮政马车可以在铁路上开动，人们不必步行而可以通过铁路外出旅游。”当时，世界各国都在争相建设铁路。

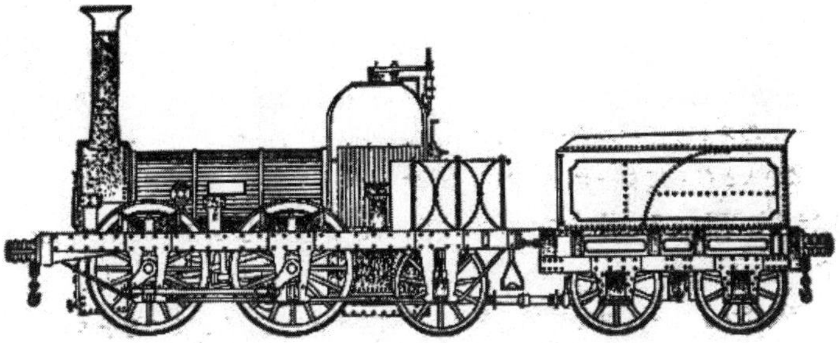

图8-15　1838年制造的在利物浦与曼彻斯特间运送货物的“狮子”（Lion）号机车

1830年英国利物浦到曼彻斯特之间，1835年德国纽伦堡到费尔滕（Velten）之间，1830年法国圣艾蒂安（Saint-Etienne）到里昂之间，1837年荷兰阿姆斯特丹到哈姆莱之间都实现了使用蒸汽机车的铁路运输。进入20世纪后，铁路越来越发达，无论是运输物资还是运送旅客，蒸汽机车都是铁路运输的主力。

同时，19世纪后半叶发明的内燃机逐渐向体积小、重量轻、输出功率大的汽油发动机方向发展，与蒸汽机并行而迅速得到普及。进入20世纪后，汽车和飞机在物资和人员的输送方面起着重要作用。

18世纪和19世纪是划时代的技术发明接连出现的时期。在这个时期所发明的各项技术进入20世纪后，其性能得到进一步的改善。生产活动的日趋活跃，工业化步伐的迅速加快，使我们的生活更加富裕起来，这一切构成了现代文明。

【电的应用】

人类从古时就知道，摩擦琥珀或毛皮能吸引纸片或毛发之类的小物体，但是这一起电现象的本质直到18世纪后半叶还不清楚。从18世纪开始，许多人试图对自然现象加以科学地研究，以求确切地了解自然规律。技术的进步也促进了科学研究工作的进展。

1779年，意大利物理学家伏打（Alessandro Volta，1745—1827）

图8-16　法拉第

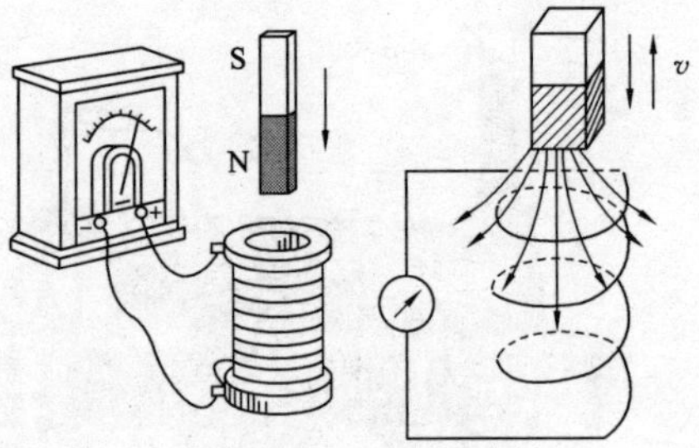

图8-17　法拉第的实验

制造了电堆（电池），完成了用化学方法产生电的发明。以此为起点，物理学家对电进行了一系列的研究，1831年，美国人亨利（Joseph Henry，1797—1858）发现了电磁感应现象，发表了有关电动机的论文。同一时期，英国的法拉第（Michael Faraday，1791—1867）也发现，当磁铁插入或拔离线圈时，在线圈中有感应电流流动的现象，并于1832年公开表演了有关感应电流的实验。见到这一实验的人曾提出过："这个玩具有什么用？"法拉第则风趣地回答："这只是个刚生下来的婴儿，有什么用还不清楚。"

亨利和法拉第的生平很相似，都出身贫寒，从小就参加劳动。亨利从13岁起在钟表店里当学徒，法拉第则在图书装订社当学徒。亨利16岁时偶然得到一本《实验哲学讲义》，从而引起了他对学问的好奇心。后来他靠当家庭教师筹集学费，在奥尔巴尼学院学习医学。毕业后转向技术领域，并于1826年在这个学院教授有关科学的课程。

法拉第在装订社当学徒时非常喜欢读手边的《大英百科全书》，并从《化学的故事》等科普书籍中学习到了化学基础知识。1812年，他在一位顾客的帮助下，得到了听皇家科学研究所举办的汉弗莱·戴维（Sir Humphry Davy，1778—1829）演讲的机会。戴维关于电解的演讲给法拉第留下了深刻的印象。法拉第把听讲的笔记连同写给戴维的信直接交给了戴维。在这封信中，他向戴维表达了希望给他当一名助手的愿望。后来戴维在助手名额出现空缺时，果真录用了法拉第。当时法拉第21岁。

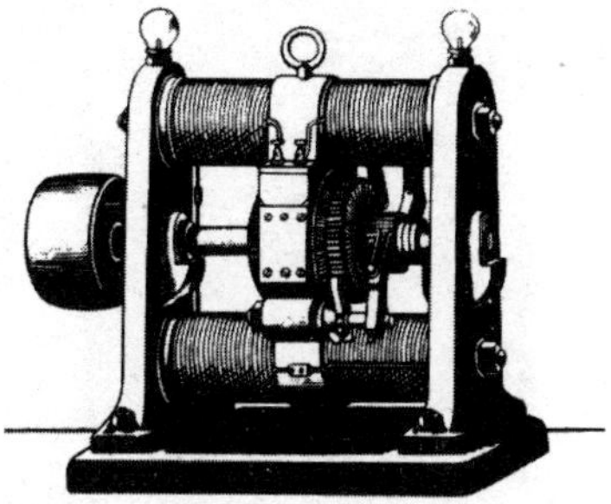
图8-18 格拉姆发电机

1832年，法拉第发现了著名的“法拉第定律”。这一定律奠定了现代电化学的基础。人们为了纪念他的功劳，在电学的度量中引用了“法拉第”的名字作为电容量的单位。

1820年，丹麦物理学家奥斯特（Hans Christian Orsted，1777—1851）发表了最早的把电和磁联系在一起的实验结果。亨利和法拉第得知奥斯特用电流使磁针运动的实验后，都很惊奇。他们继续进行对电磁铁的研究和对感应电流、自感现象的实验。大约在奥斯特发表论文10年后的1831年，发现了变电磁力为机械力的电动机原理，以及变机械能为电能的发电机原理，并成功地进行了实验。

在这以后，许多工程师和科学家对发电机和电动机继续进行研究。1870年，比利时的格拉姆（Zenobe Theophile Gramme，1826—1901）制作出实用发电机。但是电动机向实用化迈进的第一步，则是从1873年维也纳世界博览会上公开实验后开始的。在这次发电机公开实验中，由于一个偶然事件证实了使电流在发电机中流过时，可以原封不动地将发电机作为电动机使用。

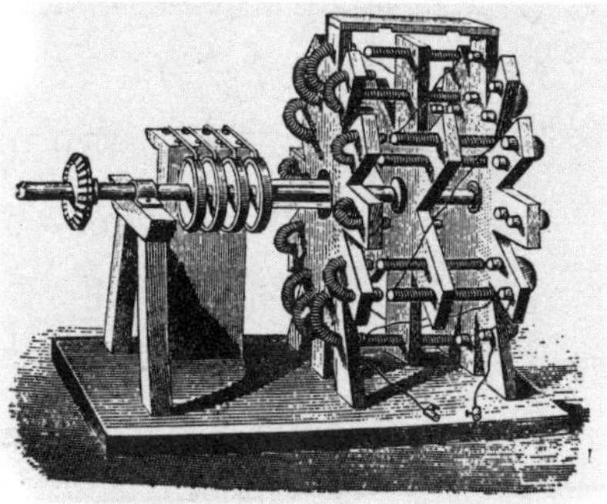
图8-19 雅可比电动机

图8-20　西门子的电车

1831年，德国的雅可比（Karl Gustav Jakob Jacobi，1804—1851）制作了电动机。1838年，用电驱动的机车出现在爱丁堡和格拉斯哥之间。1879年，维尔纳·西门子（Ernst Werner von Siemens，1816—1892）把客车和电力机车连结起来，搭载了20名乘客并以时速24千米完成了行驶。世界上最早的电气铁路是在4年后的1883年在英国开始营业的，而最早的电动车则是1883年在巴黎出现的。

亨利和法拉第确立了电磁学基础，后来电动机和发电机都获得了实际应用。这些电气机械的应用，恰如一个世纪前蒸汽机的产生以及半个世纪后内燃机的应用那样，引起了急剧的社会变革。这样，电力与蒸汽机、内燃机一起共同成为标志20世纪机械文明的重要动力。

【电子学的发展】

电的另一个应用领域是通信。对社会进步起着重要作用的因素之一是信息的传递。1844年，美国的莫尔斯（Samuel Finley Breese Morse，1791—1872）架设了从巴尔第摩到华盛顿之间约64千米长的通信线路。莫尔斯在耶鲁大学毕业后，成为了一名画家。可是在一次航海中，因受到偶然相识的化学家杰克逊（Charles Thomas Jackson，1805—1880）的影响，开始对电气通信产生兴趣，从而热衷于制造电报机。后来他结识了亨利并得到亨利的指点，掌握了有关电学的知识，致力于开展电气通信的实用化工作。1844年，他创造出“莫尔斯电码”，成功地进行了内容为“上帝总是恩赐的”的语言通信。

<西门子的电信事业>

1850年，英国与法国间敷设了海底电报电缆。从1858年到1866年，在开尔文（Lord Kelvin 即William Thomson，1824—1907）等人的努力下，又成功地敷设了大西洋海底电缆。在1850年以前，从欧洲到美国的通信，最快也要用两周时间，而利用电报机和电报线路瞬间就可以进行联系。

<维尔纳·西门子>

维尔纳·西门子1816年12月出生于汉诺威的伦特，其父费南迪·西门子（Ferdinand Siemens）是个佃农，但对子女的教育很关心。在父亲的支持下，维尔纳·西门子接受了很好的教育，他进入吕贝克（Lubeck）的高级中学，学习科学和技术的基础知识。在这所学校里，维尔纳·西门子选修了自己所喜欢的自然科学和技术科目。

在当时，可供发挥技术专长的地方很少。维尔纳·西门子觉得在军队中或许可以更好地发挥自己喜爱的技术专长，于是在1834年秋加入了普鲁士的炮兵部队。恰好此时，欧姆（Georg Siman Ohm，1789—1854）、埃尔德曼（Johann Bduard Erdmann，1805—1892）等一些优秀教师正在炮兵学校中任教。维尔纳·西门子在这些教师的教育下，很好地掌握了基础科学知识。这个年轻的士官每天都能从手中的武器里，受到许多进一步发展自己科学素养的启发。

维尔纳·西门子不断致力于对武器的技术改革。1842年，他设计出了测定炮弹速度的测速仪。1845年，他又研究改革了硝化棉火药

的制造方法。

由于维尔纳·西门子总想更好地照顾早年失去父母的弟弟和妹妹，因而分散了不少精力。尽管如此，他的创造力依然涉及到技术发明的方方面面。为达到目的，他大胆而细心。同时，他还有兴办企业的强烈欲望。

<西门子·哈尔斯克商行的创立>

1847年，出现了一件对维尔纳·西门子一生具有决定意义的事件。在这一年，他被召到普鲁士参谋总部的电报委员会工作。在这之前，他曾设计过电报机，而且恰好在那时他的将古塔胶（gutta-percha）用于地下电缆绝缘这一项发明得到公认。由于维尔纳·西门子对电现象相当精通，因此他在委员会中起着领导作用。

他以一个士兵的身份参加了1848年对丹麦的战争，但同时却以一个工程师的身份努力地进行工作。他曾设计了电发火水雷用来封锁基尔港。从1848年到1849年，他还曾指导架设了欧洲最早的远距离通信线路——柏林至法兰克福的有线电报线路，并取得了成功。不久，他又领导架设了柏林—贝尔布雅电报线路。

当时正是各种新技术发明陆续出现的时期，维尔纳·西门子打算致力于新技术的开发工作，因而退出了军界，创办了西门子·哈尔斯克商行。这个商行是1847年他与机械工哈尔斯克（Johann Georg Halske，1814—1890）用很少的资金创立的。

<电报机的改革>

维尔纳·西门子在研制电报机、完善通话技术以及测量等方面，均付出了创造性的努力，他在这些方面的贡献为他在国内外博得了很高的声誉。19世纪50年代末，他被聘请到英国从事敷设电缆的工作，并取得成功。这一成功使他刚建立起来的商行名声大振，事业迅速扩大。这个商行以制造电报机为主，并在此基础上继续向其他领域扩展经营范围。

后业，维尔纳·西门子与他弟弟卡尔·西门子（Sir Karl Wilhelm von Siemens，1823—1883）合作，把事业扩大到了俄国。为了在克里米亚战争中加快电报线路的架设，他在彼得堡设立了西门子·哈尔斯克商行的分行。此外，他在英国的影响也在不断扩大。这主要是因为在他弟弟威廉·西门子的领导下，商行在英国进行了海底电缆的制造和敷设。1870年，哈尔斯克离开了商行，从此设在德国、俄国和英国的这3个商行为西门子兄弟三人所共有。

从1868年到1870年间，商行在维尔纳·西门子的领导下，承担了从印度到欧洲长达1万千米的电报线路的敷设工程。

维尔纳·西门子认为，工业创造的雄厚基础必须建立在技术的持续进步之上。为了完善电信事业，他不断努力解决相应产生的新问题。他设计出了测定酒精体积的测量仪器以及炮兵使用的测距仪，还设计了铁路用的各种装置。此外，他还要拿出足够的时间和精力参加弟弟们的创造活动。

引起近代电力事业划时代发展的重要事件，是1866年维尔纳·西门子对发电机所做的改革。他的发明成为强电技术的开端，把产生的大量电能输送到远方成为可能。进入19世纪80年代后，他多次对新型发电机进行实验，并以这些实验为基础对发电机进行改革。1881年及1884年，他所发表的有关电磁方面的论文，作为奠定电气机械设计的基础性文献而负盛名。

后来，爱迪生也对电气通信产生了兴趣，制造了电报机。但是无论是莫尔斯还是爱迪生，都是通过有线介质进行信号传播，1896年，意大利的马可尼（Guglielmo Marconi，1874—1937）首次实现了无线电通信。1901年12月12日，他利用气球把天线引高，使用莫尔斯电码成功地进行了从意大利西南角到纽芬兰的无线电通信。这一天也成为了无线电（radio）的发明日。

图8-21　马可尼的无线通信

1904年，马可尼公司的英国技师弗莱明（Sir John Ambrose Fleming，1849—1945）发明了真空二极管。弗莱明1870年毕业于伦敦大学，1877年进入剑桥大学，在麦克斯韦（James Clerk Maxwell，1831—1879）手下学习电学。1885年担任伦敦大学的电工学教授。在19世纪80年代，为了发展电灯事业，他曾担任了爱迪生的顾问，从90年代起才与马可尼合作进行研究工作。

他研究了爱迪生发现的电流在真空管内从炽热灯丝向冷阴极流动的现象，认识到这是一种叫作电子的粒子从炽热的灯丝中飞出来的结果，并发现，如果把极板与发电机正极相连，就有电子流产生。

当使用交流电时，灯丝为负极，极板为正极，就会有电流产生，与此相反时则没有电流产生。因而使用这个装置就可以把交流变为直流。由此整流器得以发明。1904年，弗莱明把这个只让电流向单一方向通过的装置叫作“阀”，可是在美国把它叫作“管”。

在弗莱明发明二极管两年后，美国的德·福列斯特（Lee de Forest，1873—1961）把它发展成三极管。

德·福列斯特1873年出生于美国阿衣华州的考斯尔·布拉福斯，1896年毕业于耶鲁大学，翌年获博士学位。他从学生时代起就对马可尼开展的无线电报活动很感兴趣。他是美国最早写出关于无线电报学位论文的人。1899年，德·福列斯特任职于芝加哥的西屋电器公司，他一心埋头搞无线电装置实验，渐渐地忽视了他的本职工作——电话实验和电话装置的制作。

公司负责人看到他的工作情况后，有一天对他讲：“您实在不适于作一个电话技师，不过我还说不清这是为什么，您就按自己所考虑的

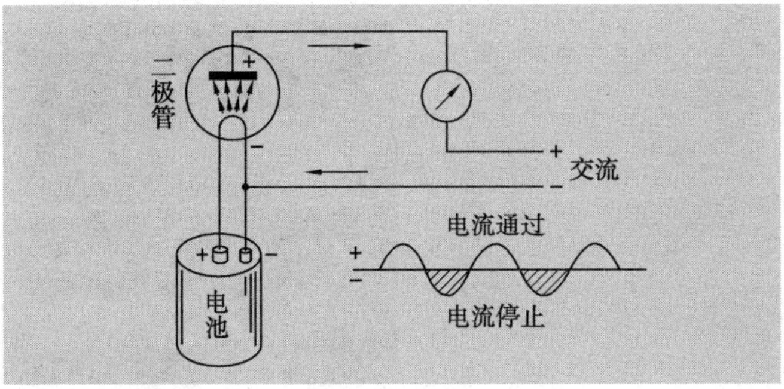

图8-22　二极管

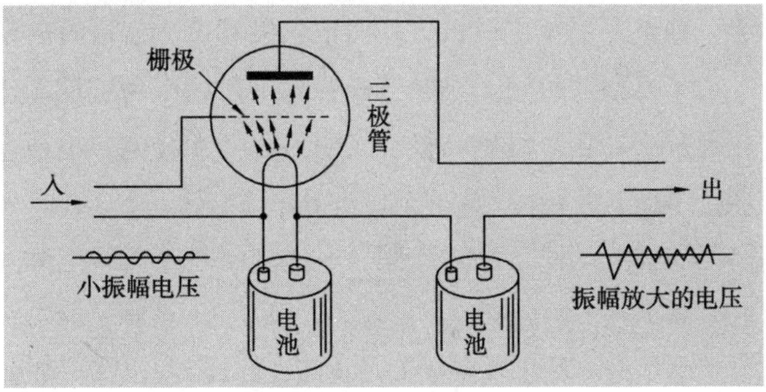

图8-23　三极管

去做吧，一切听便！”德·福列斯特接受了这个意见，之后便全力以赴地搞自己的研究工作，而完全中断了他领取工资理应去做的电话研究工作。

1900年5月，他接受在密尔沃基（Milwaukee）新成立的美国无线电报公司经理琼森（Jonson）的招聘，转入这家公司工作。但是他在这里干了3个月的无线电报工作就辞职了。同年8月，他又前往“西屋电气杂志”编辑部工作。不过在那里，他仍然进行他的无线电报实验而未能为本职工作尽到力量。

1902年，德·福列斯特创建了自己的研究所，决心继续搞他的发明工作。他在做充气二极管实验时，头脑中涌现出在阴极和阳极间插

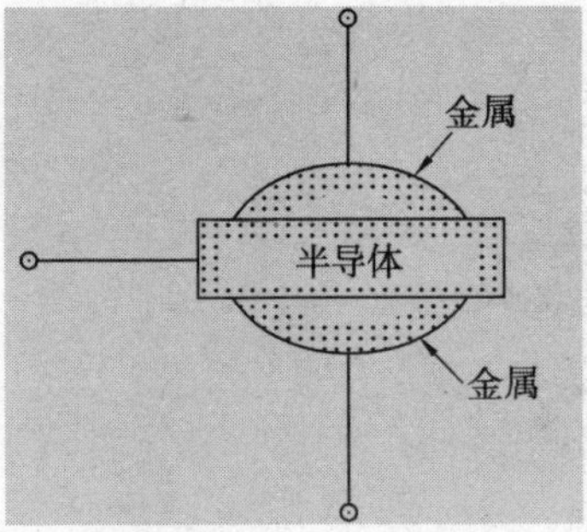

图8-24 晶体管

图8-25 巴贝奇计算机

入被称为“栅极”的第三电极，从而把二极管做成三极管的设想，就这样他发明了真空三极管。真空三极管除了可以作为整流器使用外，还可以作为放大器用。真空三极管发明后，使无线电、电视很快发展起来。直到1948年肖克利（William Bradford Shockley，1910—1989）等人发明晶体三极管为止的30多年间，真空电子管在无线电和其他一切电子仪器中都得到了广泛的应用。

晶体管是个能将输入功率放大，从而得到较大输出功率的元件。只要向三个接头中的任意两个输入一定的电功率，则可以由另一个接头与这两个接头中任意一个输出更大的电功率。

<计算机>

法国人帕斯卡（Blaise Pascal，1623—1662）于1649年把齿轮装置组合起来制成了计算机。后来，德国的莱布尼兹（Gottfried Wilhelm Leibniz，1646—1716）、英国的巴贝奇（Charles Babbage，1792—1871）继续对计算机进行了研究。巴贝奇于1829年制作出数字式计算机。

到1880年，美国的霍列利希（Herman Hollerith，1860—1929）发明了使用继电器进行卡片分类的自动统计机，随后便出现了各种各样的继电器计算机。随着电子学的急速发展，雷达、电视也日趋进步。宾夕法尼亚大学于1945年12月，制造出使用电子管的世界上最早的电子计算机ENIAC（电子数字积分计算机的简称）。这台计算机

图8-26　霍列利希计算机

图8-27　ENIAC

用了18 000个电子管，总重达30吨，通过十进位法可以在四分之三秒内完成十位数的乘法运算。

第二次世界大战后，电子学发展速度更为惊人，不仅是计算机，就连工厂中使用的自动化机械也几乎都使用了电子管，进而整个工厂的管理系统也开始应用电子计算机。进入20世纪后半叶，性能优越的微型晶体管取代了电子管，自动化浪潮再次波及各个领域。在机械加工技术中，出现了连续自动化机床，一系列加工都可以自动地进行，能够最大限度地减少人工劳动的高效率机器得到了普及。另外，以石油炼油厂为代表，由于电子技术的应用，可以由中心控制室统一控制大型成套设备的操作。电子式办公机械则可以使复杂的事务工作实现自动化，进一步提高了生产与工作效率。

这些科学技术陆续传到日本。如今日本工业生产已经达到世界的先进水平，20世纪后半叶以来，人们生活非常富裕，城市中汽车几乎达到泛滥的程度，新干线上高速列车在飞驰，从成田机场去海外的人数逐年增加。

这样，日本自明治以来，一心要追上外国先进科学技术的梦想，今天总算实现了。但是，期望始终保持高度发展、争取景象更加繁荣的机械文明之梦，却会因一步失误而破灭，我们今天正面临着这种潜在的危机。

Ⅷ–3 化学工业的进步

开采地球上四处存在的矿石，用化学的或机械的方法对它们进行加工，将之变成对人类生活有价值的物质的技术叫化工技术。化工技术起源悠久，诸如焙烧黏土制造陶器，从矿石里提炼金属等在原始社会就已经存在。在中世纪，许多炼金术士为了制取贵重金属，将各种金属加以混合进行了种种实验。尽管他们没能制造出黄金，可是却从各种化学实验中发现了钴、锌、镍、水银等金属，而且发展了诸如氧化及还原等基本化学思想。为了进行化学反应，人们进行了各种尝试，制造了供化学反应用的装置如蒸馏装置等，其中不少装置直到今天还在使用。

但是，近代化工技术的形成，则是从手工业生产向大工业规模生产过渡的产业革命时期开始的。产业革命是指从发明、改革纺织机开始，经过采用蒸汽机作为动力来取代人力水力，一直到通过对机床的改进，建立起大规模的工厂，从而使工业得到飞跃发展的这一时期。

为了使作为工业基础的机械类的生产高速发展，需要有大量的钢铁，这促进了炼铁技术的发展，使人们开始重视从矿石中提炼出金属并加以精炼的化工技术。

【化学工业的发展】

由于纺纱机和织布机的进步，通过漂白、洗涤、缩水、染色等对织物进行化学加工的必要性也随之增大了。于是，漂白剂以及用作染色剂的氯、明矾、氯化锰、钾、苏打、醋酸、柠檬酸、草酸、没食子酸、蓝色天然颜料、茜素红等化学物质被大量制造出来。

为了满足对化工基本原料硫酸和烧碱不断增长的需要量，工程师们做了大量研究工作，终于研究出这些化工产品的大批量生产方法。1746年，伯明翰的罗巴克（John Roebuck，1718—1797）发明了铅室法，由此开始了硫酸的工业化生产。

产业革命要求扩大市场。国内市场自不必说，还要求开辟国外市场，这就需要大量而迅速地输送原料和生产成品，于是又促进了运输技术的发展。蒸汽机车和蒸汽船被发明出来，搬运机械也在不断进行改革。

商品运输的机械化，使运输成本大为下降，这有助于市场的扩大和大工业的发展。开发新土地、建设工厂，以及随之而来的修建工人住宅等土木工程扩大了。因此，随着土木材料的大量供应，对水泥的需要量也越来越大。1877年，英国土木技师兰赛姆（Frederick Ransome，1818—1893）建造了长26英尺、直径5英尺的旋转窑，开始了水泥的大量生产。

由于工业的发展，人们的生活水平逐渐得到提高，人口也在不断增加。因此，人们进行了一系列的农业改革，努力提高粮食产量，这又促进了肥料的改良，使农艺化学获得发展。同时，农产品加工业活跃起来，制糖工厂、酿造工业也得到发展。

法国的布鲁门塔尔（Cellier Blumenthal，1768—1840）在1813年发明的精馏塔，给酒精蒸馏技术带来了很大影响。这种蒸馏技术后来在煤焦油的蒸馏中也得到了应用，成为有机合成工业的基础。

图8-28　绢织物染色工厂

煤炭取代木炭成为工业燃料后，其用量逐年增加，在炼铁工业中也使用了煤炭。为了制取焦炭，需要把煤进行干馏，在这一过程中，还会生成煤焦油及煤气等副产物。最初，人们不知道生成的这些副产物有什么用处，并没有加以利用。后来，由于发现了煤矿附近自然产生的气体具有可燃性，人们才对煤气进行了研究，并在街道、工厂和住宅的照明煤气灯中使用了干馏煤气。煤气工业开始在欧洲兴起。

煤气工业的发展，使其副产品煤焦油大量产生出来。煤气制造业者对这种紫黑色的黏稠液体感到很不好处理，大都在工厂附近空地上掘坑倒掉。1830年，英国人安德森（William Anderson）对这种煤焦油进行了蒸馏实验，从中分离出易挥发成分。后来，许多人对煤焦油的成分做了研究。同一时期，英国化学家帕金（Sir William Henry Pekin，1838—1907）在研究利用从煤焦油中提炼出来的甲苯胺合成金鸡纳霜的过程中，发现了黑色的苯胺染料。1856年，帕金得到专利，从此开始了苯胺染料的工业生产。

由于当时市场上对廉价染料的需要量很大。因此，苯胺染料立即在法国和德国得到推广。在这些国家里，建立了许多制造苯胺的工厂。在帕金发现苯胺染料的第二年，凯库勒（Friedrich August Kekule，1829—1896）分析出煤焦油中所含有大量的苯的化学结构，从而奠定了芳香族有机化学基础。在当时，有机化学还是一门全新的自然科学，年轻而热情的学者们推进了有机化学的研究工作。1865年，柏林工业大学31岁的冯·拜尔（Johann Friedrich Wilhelm Adolf von Baeyer，1835—1917）同他的两个学生，25岁的格莱贝（Karl Graebe，1841—1927）和24岁的黎贝曼（Karl Lieberman，1842—1914），开始对天然染料茜素的结构进行研究，后来于1868年在实验室中成功地合成了茜素，1869年开始了茜素的工业生产。经过上述的发展过程，到了19世纪60年代，化学工业已经与金属工业、机械工业并驾齐驱，作为近代工业的组成部分而迅速发展起来。

图8-29　德雷克油井

【石油化学】

自从1858年美国的德雷克（Edwin Drake，1819—1880）在宾夕法尼亚州用顿钻成功地打成第一口油井时起，石油便开始成为近代社会具有经济价值的重要物资。这口井以现场主任的名字命名，叫“德雷克油井”。这是最早的石油采掘工业。

石油最初只是用来点灯，后来逐渐在制药、油漆、铺装等方面得到应用，需要量与日俱增。1870年，洛克菲勒（John Davison Rockfeller，1838—1937）创办了“标准石油公司”，铺设了将火车站与油井联结起来的石油管道，成为美国石油工业的先驱。

早在1854年，耶鲁大学的化学教授西里曼（Benjamin Sillimann，1779—1864）就在康涅狄格州的纽黑文建成了最早的原油蒸馏装置。自德雷克打成第一口油井之后，石油的使用范围不断扩大，从石油中不仅可以提取煤油、润滑油，还可以得到重油。人们也知道了用重油可以代替煤作燃料。

近代的汽车工业始于1908年。随着汽车的普及，汽油的用量大增。特别是第一次世界大战（1914—1918）以后，石油更是被专门当成汽车的燃料。同时，随着飞机的发展，汽油的用量也愈来愈大。

因此，仅靠蒸馏原油来获得的挥发油远远满足不了实际需要，由此促进了炼油技术的进步。1911年，美国人在炼油工业中成功地用管式蒸馏器代替了锅炉状的蒸馏罐，确立了石油蒸馏法。这种方法是使原油流入被加热的管路中，生成的油气进入精馏塔内，再经分离提取出不同沸点的油类。

随着从石油中制取挥发油、煤油、重油、润滑油、沥青等的石油工业的发展，乙醇、乙二醇、杀虫剂、合成树脂、合成橡胶等也被制造出来，从而使石油化学工业在20世纪中叶得到迅速发展。石油已经成为有机化合物的合成原料了。

今天，作为机械零部件材料所使用的尼龙、聚碳酸酯、ABS树脂、丙烯、聚乙烯、聚丙烯、乙烯树脂等许多人造有机物，都是用从石油中提取的原料制取的。

【连续作业】

化学工业最早是以所谓间歇方式进行生产的，也就是在一个容器中只进行一个化学反应，这个化学反应结束后，再在下一个容器里进行另一个反应，反应不是连续进行的。这种方法从原料的投入到产品的取出、搬运等各个阶段，都需要大量的人工劳动，同时也耗费时间。

不久后，在化学工业中，间歇式的生产方式逐渐为连续作业的生产方式所取代。这是一种把各种反应容器用管道连接起来，使从原料投入到最终产品完成的各个阶段形成连续作业的方法。

这种方法的优点是能够减少人工劳动，产品质量好、成本低。为了使操作能够连续进行，需要有自动测量温度、压力及其他物理量的仪器，还必须配备能够进行必要调节的自动调节装置。电子工业的进

图8-30　石油炼油厂外观（左）与计测仪器室（右）

步发展，使这些计测仪器、调节仪器的性能得到改善，从而使化工生产的连续自动化作业成为可能。

将许多计测仪器、调节仪器分散安放是不易于统一观测的。因此，把这些仪器集中于工厂内适当的一个房间里，就可以很方便地了解全部工序的操作状态，从而实现工程的自动管理。集中安置这些计测仪器的房间叫作中央控制室。在这里，只需几个人就可以监视整个工厂的操作情况。

这种办法，首先被化学工业采用，接着逐渐推广到其他领域。例如电力公司的总部也设置了中央控制室，指挥各地发电站根据不同时间对电的需要情况控制发电量。

此外，钢铁公司也对制造薄板的带钢轧机的运行实行了统一控制。

在化学工业中首先出现的工序连续自动化作业，结合电子工业的发展和机械技术的进步，逐渐向其他领域推广，使工厂实现了自动化生产。这种自动化可以说是20世纪技术的特征。

Ⅷ–4　自动化

进入20世纪后，人们对以前使用的机械进行了改革，使其性能不断得到提高。特别是20世纪后半叶，自动化的前进步伐空前加快。20世纪初在美国出现的大量生产方式，后来推广到世界各国。尽力排除人工熟练程度和经验的限制，实行自动化生产，在短时间内制造出性能良好的产品，使社会生产向提高生产率的方向发展，这一切可以说是20世纪后半叶技术发展的特征。

在自动化进程中，电子技术起了很大的作用。美国贝尔电话研究所的巴丁（John Bardeen，1908—1991）、布拉顿（Walter Houser Brattain，1902—1987）、肖克利3人，于1948年制造出了最早的晶体管。用半导体的锗或硅单晶制成的这种小玩意，可以起着与电子管一样的作用。由于它具有体积小、寿命长、不需要强电源、不发热等优点，首先在小型收音机里得到应用，接着就在各个领域取代了电子管。电子计算机也由于这种晶体管的出现而更加进步。

在自动化生产中起重要作用的自动控制机构，也受到晶体管的很大影响由机械式向电子式发展，达到了更高的自动化水平。对自动化起关键作用的测量仪器和调整仪器也逐渐开始采用电子方式，历来由人的头脑进行的判断和记忆如今也实现了机械化处理。

1948年，福特汽车公司使用了连续自动工作机。所谓自动化，是1948年福特汽车公司副经理哈德（Delmar S.Harder）为新设立的研究新式自动机械的部门起的名字，他把“自动地”（automatic）、“作业”（operation）这两个词加以压缩而创造出“自动化”（automation）这一新词。“自动化”一词一经提出便很快在全世界广泛地流行起来。

以此为开端，各个工厂的生产方式开始迅速地向自动化方向发展。随着电子工业的进步，电子计算机、自动计测仪器的应用进一步把各类自动化机械组合成一个整体系统，形成了自动控制方法。

随后，在机械加工以及装配作业中均出现了自动控制，物品搬运过程也使用了传送带或自动化的机械手、机器人等装置。此外还出现了被称作“自动工厂”的系统。这种机械工业的自动化，由于起源于汽车城底特律，因此也叫作“底特律自动化”。

图8-31　自动化机器

构成“底特律自动化”基础的福特连续自动工作机，后来经过多次改革，现在已发展成多种类型的自动加工机器。连续自动工作机是由许多专用机床组成的集合体。而在一部机床上装有几十种刀具，把这些刀具逐个地自动取出来进行各类加工的“机械加工中心”，则是它的一种改良形式。

按输入纸带的指令，启动机床对材料进行加工的数控机床中，能够交换刀具种类、自动进行加工的“机械加工中心”第一号机，是1952年由美国制造的。日本在1958年才完成了第一台样机的试制工作。

新型的自动加工机器是用穿孔纸带、穿孔卡片或磁带进行控制的。19世纪初，法国机师约瑟福·马里耶·雅卡德（Joseph Marié Jacqard，1752—1834）发明了使用穿孔卡片控制的织布机，由于当时还没有能够实现自动控制的电子计算机，因此只能通过手动控制。1867年，惠斯通（Sir Charles Wheatstone，1802—1875）利用穿孔纸带拍发了电文。随着机械加工自动化的进展，最早利用磁带控制的自动机器于1950年问世。

将几台这种自动机器组合起来，就可以建立起使一系列工序全部自动进行的自动化工厂。出现了将人类的劳动几乎全部由机器取代的倾向。

在化学工业中，正像石油炼油厂那样，很早就实现了从原料到产品全部工序自动控制的生产过程。在这里，伴随测量仪器和调节仪器的自动化，全部生产过程也实现了自动化。这种自动化叫作“工序自动化”。将原油从工厂的一方输入，通过管道输送到精馏塔，在高温高压下制成汽油及其他制品，再从工厂的另一方取出来。各工序中的温度和压力等均由自动调节器进行适当控制，不再需要人工直接照料。这种方法在电力公司及炼钢厂中也得到应用，并开始向其他生产现场普及。

随着生产自动化的进展，人们还设想使事务性工作也“自动”起来，于是制造出了电子式办公机，使库存管理、工资计算以及其他事务性工作也渐渐实现了自动化。这种自动化形式叫作“企业业务自动化”。

Ⅷ–5　机器人

捷克剧作家卡雷尔·恰贝克（Karel Capek，1890—1938）在1920年发表了剧本《罗斯姆的万能机器人》（Rossum's Universal Robots）。“机器人”（Robot）一词在捷克语中有“干活”的意思。在这个剧本中出现了为减轻人的劳动而制造机器人的情节。这部作品的本意是讽刺机械文明的，1924年曾在日本上演过。自那时起，机器人（最初译为“人造人”）一词便流行起来。

起初，机器人的形状大都模仿人的样子。但是，机器人是指具有人或动物的某些机能的自动机器。这就意味着人们可以制造出许多外形虽然与人不同、但却具有人的某些机能的自动机器在工业生产中使用。美国最早将工业机器人投入实际应用。1958年，尤尼梅森（Unimation）公司生产出一种能抓取物体的“尤尼梅特（Unimate）工业机械手”。1962年，美国机械制造公司（AMF）则制造出“沃尔斯特兰（Verstran）工业机械手”。

在产品生产过程中，实际上手工作业或搬运作业的耗资约占加工费的40%，耗时约占工作时间的80%，造成的事故约占企业事故的80%，由此可见变手工作业为机械作业的重要性。日本在1962年开始设

图8-32　步行机械

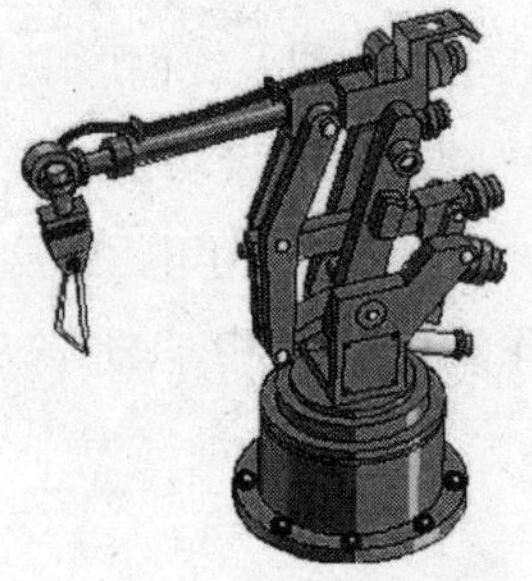

图8-33　机械手

想使用工业机器人，并在1967年使用了“沃尔萨特兰工业机械手”。在“省力化”成为需要解决的问题后，工业机器人引起了人们的关注。

随着自动控制技术、远距离操纵方法以及精密机械制造技术的进步，机器人将在各个领域得到应用。特别是在海洋开发中，由于海底没有平坦道路可行，因此需要有能像动物那样利用四脚爬行的机器。

从广义上讲，如果认为“机器人”这一概念主要是指能自动地进行作业和操作的机器，而不拘泥其外形的话，那么可以说，现在已经是机器人时代了。

Ⅷ-6 群控系统

为使机械工厂完全实现自动化，以建立无人工厂为目标，按一定目的设置若干种数控机床和工业机器人，由一台大型电子计算机全面控制进行自动加工的系统，叫作群控系统。日本于1969年在电气机车修理工厂中，实现了小规模的群控系统。

在机械工业中，目前仅在炼钢厂、石油化工厂等企业中引入了电子计算机，但还不能进行无人化生产。因此，必须开发使工作机械高度自动化的生产技术，在这种意义上所设想的就是群控系统。

目前，群控系统正处于研制阶段，人们提出了各种方案，也出现了一些样机。图8-34中所示的零件加工中心，是日本大隈铁工厂研制成功的一套包括工序管理在内的群控系统，它通过中央控制装置，把各

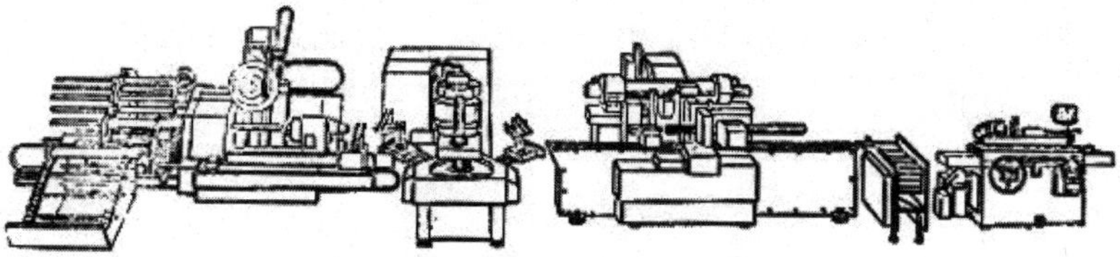

图8-34　零件加工中心

台机器有机地结合在一起。这套系统指出了今后多品种、中小批量加工零件的方向。

这套机器由三个加工单元和将它们联结在一起的控制装置群组成。第一单元由材料储存器和数控车床构成，棒材按直径分类存放在储存器中，需要时可以自动选送出来，经主轴孔供给车床加工。这一单元能进行铣削及一般的切削加工，也可以开键槽。经过这道工序加工完成后的加工件则由机械手抓住送入下一个单元中，在那里可以进行端面加工、打中心孔、铰孔，此外还能进行铣削加工、零件翻转、由高频加热装置进行焠火等。

经第二单元加工后的零件由机械手送到第三单元，放入外圆磨床上。这种磨床采用高强度进给装置，通过数控方式实现大功率研磨。这里还配备有检测装置，以检查研磨前的工件尺寸并测定研磨后的工件尺寸。一经发现不合格件时，有关程序便开始工作，立即将其剔除并送给输出传送带，同时指令第一单元重新补足缺件。

这种机器以实现工厂全面管理合理化为目标，通过工序间的联结便于对工序及加工件进行管理。只要设置几个这样的机械系统，并与中心计算机相联结，就能使大型工厂实现全面自动化。

以自动化工厂、无人工厂为目标，制造各种自动机械并用计算机进行控制，那么人的工作就只剩下按动按钮、监视异常情况。人们历来的劳动生活将不复存在，这是令人担忧的。因此，无论怎样自动化，也要考虑到人的生存习性，留下一定的工作由操作者去完成。为此，大隈铁工厂研制的这套加工系统的右端，还附设有万能磨床和工具磨床。操作者可以根据需要进行外圆磨、内圆磨、平面磨、工具磨等多种加工作业。

Ⅸ. 结语
——今后的技术

在过去几千年间，人类为了使自己在地球上生活得更加舒适，创造了语言，发明了其他生物不可能创造的各种工具，诸如农耕用的犁、锄，纺纱用的纺车，狩猎用的弓箭等。进而在不断改革的基础上又发明了各种机械和运输车辆，如能轻易举起重物的起重机、能织出缝制衣服布料的织布机、能制造各种机械的机床，以及驱动这些机械所必需的具有强大动力的原动机。人类的生活水平因此不断得到提高。

科学和技术的进步，对于制造各种生活必需品起了巨大的作用。特别是在18世纪到19世纪间，科学和技术的发展步伐急剧加快，各种物品都在以前所未有的速度被生产出来。

进入20世纪后，电子工业等的进步推进了自动化的进程，用少量的劳动去生产大量的物品已经成为现实，人类的生活水平开始迅速提高。20世纪前半叶虽然经历了两次世界大战，但是战争结束后应用于战争中的科学技术立即转向民用。于是，人们的生活在短期内恢复到了战前的水平，而且向着更高的水平迅速发展。

科学和技术极大地影响着我们的生活。今天日本社会的繁荣，即使说是全部依靠科学技术的进步也绝非夸张。生产公司以引进科学技术成果、大量制造物美价廉的产品为己任，源源不断地提供社会生活所需要的各种物品。性能良好的汽车以每小时100千米以上的速度行驶在设施完善的高速公路上，乘东海道新干线从东京到大阪只需3小时10分钟，乘飞机从东京去北海道只要1小时左右即可抵达。

这样一来，便有人认为，我们的社会可以创造出无比美好的衣食住行条件，依靠科学和技术的力量可以无限地提高我们的生活水平。

然而，由此却产生了一个严重的问题，这就是几年前由少数人提出、而近一二年却为相当多的人所谈论的“公害”问题。也就是说，大量生活必需品的生产制造已经造成了大气污染及江河湖海的水质污染，破坏了自然生态，严重地影响到我们身体的健康。如果这个问题不解决，仍然沿袭历来的观念和方法，那么今后很可能出现即使利用科学技术也无法继续发展的严重事态。

开发新技术而污染自然界、危及人类自身安全，这种情况由来已久，并非是近几年才出现的新事物。

Ⅸ-1　公害的历史

【红旗法】

19世纪中叶，詹姆斯·瓦特（James Watt，1736—1819）发明了蒸汽机，这是一种胜过以往任何原动机的新型动力机械。它问世不久就被法国人居尼奥（Nicolas Joseph Cugnot，1725—1804）安装在四轮车上制成了蒸汽汽车，这就是以“法尔德埃”号命名的第一台可以实际开动的蒸汽汽车。不久，英国人威廉·马德克（William Murdock，1754—1839）、美国人埃文斯（Oliver Evans，1755—1819）也相继制造出了蒸汽汽车。1801年，英国人理查德·特列维西克（Richard Trevithick，1771—1833）制造的蒸汽汽

图9-1　冒着黑烟行进中的蒸汽机车

车，可载乘12人，时速达14.5千米。

后来，蒸汽机车逐渐发展起来。人们初次见到这种又黑又大的铁制怪物喷吐着黑烟奔驰在铁轨上时，不免会有一种近乎恐怖的感觉。

1865年，英国颁布法律，规定“在公共道路上行驶的具有自行动力的乘坐物，必须有一个人手持红旗在前面开路”，这就是众所周知的“红旗法”。制定这项法律的目的，未必出自防止新出现的这种机车危害人身安全的考虑，但就车速不得超过人的步行速度这一点而言，毕竟保障了行人的生命安全。从这个意义上讲，这项法律的颁布还是值得肯定的。

【铜烟】

自18世纪中叶起，由于工业的逐渐兴盛，大批工厂建立起来。随着铁和铜等工业材料的大量应用，从开采出来的矿石中提炼金属的冶炼厂的数量不断增加。

19世纪初，全世界铜的年产量为9 000吨，其中四分之三是在南威尔士的斯旺西（Swansea）峡谷塔维河（Tawi）两岸冶炼的。后来，随着需要量的不断增大，铜的产量也不断增加，到19世纪中叶年产量已达55 000吨。这其中，仅斯旺西一地就生产了15 000吨，是当时世界炼铜业的中心。

在1860年前后的鼎盛时期里，塔维河两岸修建的炼铜炉有600余座，冶炼过程中由燃煤所生成的可燃性煤气和二氧化硫的混合气体造成了公害。“铜烟”不仅使斯旺西地区的居民深受其害，同时祸及到周围的村落。

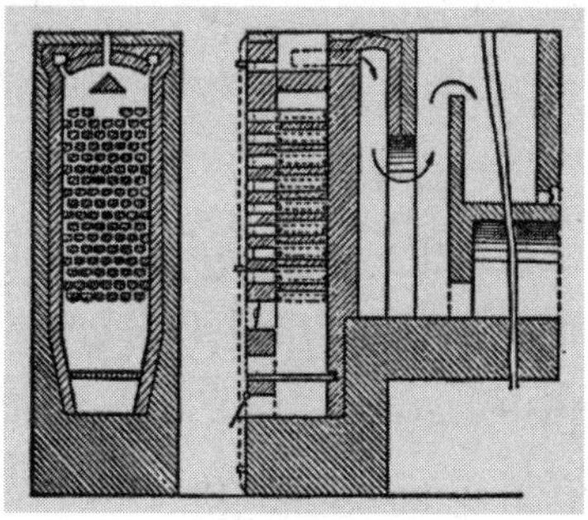

图9-2　二氧化硫回收炉剖面图

从此公害诉讼案接连发生，然而没有一件得以圆满解决。为了消除居民的谴责声，冶炼厂对铜的精

炼方法进行了各种试验，遗憾的是所有尝试均以失败告终。

1865年，英国的赫特福德（Hertford）铜冶炼工厂着手解决了烟害问题，修建了二氧化硫回收炉。利用这种装置，可以将收集的排放废气导入硫酸制造室制成硫酸，进而制成硫酸铜。制成的硫酸铜则作为杀灭蚜虫的杀虫剂向欧洲出口。

【足尾铜矿矿毒事件】

在日本，很早以前就存在着公害问题。1877年（明治10年）以后，足尾铜矿的铜产量急剧增加，铜矿产生的矿毒污染了利根江的支流渡良濑河。被污染的河水毒害了沿岸的农田，造成农业歉收。遭受损失的农民纷纷到京城向政府请愿，强烈要求停止办矿。

1900年（明治33年），因矿毒问题农民曾与警察发生冲突，但是问题丝毫没有得到解决。栃木县众议员田中正造自1891年起，屡次在议会上申诉受害农民的困苦状况。1900年2月8日，他与农民代表联合提出了请愿书，以激昂的语气指出，“若流毒根源不除，河水不得澄清，土地不能复元，权利无法保证，生命不能得救，莫如杀我臣民。”尽管田中正造在议会上大声疾呼清除矿毒，但是矿毒依旧排放，看不出有丝毫的改善迹象。

1901年末，经受害地区妇女救济会送入医院治疗的有14人，其他由医院收容治疗的有16人，这个数目只是受害者中的极少一部分。在受害严重地区，甚至出现了背井离乡、妻离子散的悲剧。当时的《每日新闻》记者松本英子在报道中写道：“世上不可思议的是矿毒问题，世上最悲惨的莫过于受害地区的居民……”

田中正造于1901年10月辞去了众议员职务。同年12月10日第16届议会开幕，当出席开幕式的明治天皇的仪仗经过贵族院议长官邸时，田中正造冲出围观的人群奔向天皇的马车，口中大叫：“我要请愿！我要请愿……”，并当面向天皇陈述了矿毒为害的实情。后来得到了内村鉴三、木下尚江等人的支持。在这种形势下，政府才设立了矿毒调查会，并为治理利根江采取了一些措施，如在山谷中修建水库、搬迁山区各村的农民等。至此，抗议运动趋于缓和，最后总算平息了下来。但是，这个问题直到今天也没有得到彻底解决。

【日立矿山的烟害】

从日立矿山冶炼厂烟囱中排放出的二氧化硫，危害波及周围20多个村庄。1905年，该公司的经理久原房之助决心解决这一公害问题，以便恢复被破坏的环境。促使他下此决心的是居住在日立市山坳中的受害者代表关右马允。

关右马允少年时代的理想是有朝一日成为一名外交官。可是当他登上家乡附近的神峰山顶，遥望从铜矿的烟囱中排放出的烟雾时，深深感到了问题的严重性。这种状态持续下去，势必会毁掉村庄。1907年，他毅然放弃了报考第一高中的机会，出任了公害对策委员长。关右马允与烟害作斗争的唯一武器，是一架照相机。他曾拍摄照片多达3万张。关右马允常说："受害的事情受害者本人最清楚，别人调查后的描述总是有水分的。"因此，在日立烟害史中没有第三者插手，也没有政治方面的干预。

久原房之助利用气球探测矿山上空的气流，研究逆温层的情况，并在矿山周围10千米内设置了8个气象观测站，组成了烟害警报系统，按警报内容调整生产。同时，他设立了烟害试验所，调查土地的生产能力，指导该地区的居民进行农业生产。此外，他还采取了一些其他措施，如给予受害者110%的补助，允许受害者在矿山附属医院享受免费医疗，无偿发放500万株杉木苗用来在荒山秃岭植树造林净化环境，安装静电集尘器，对烟雾进行脱硫处理等等。

为了更有效地消除烟害，日立矿山冶炼厂于1914年修建了世界上最高的烟囱。这座烟囱海拔高度为475米，实际高度为155.7米，和从冶炼厂延伸出的沿山坡向上的烟道尽头相连。这样一来，烟囱中排放的烟雾穿过逆温层流向太平洋上空，基本上解决了冶炼厂周围的污染问题。

由一个企业解决这么大的公害问题，在日本还是第一次。

【浅野水泥厂降灰事件】

深川的浅野水泥厂原是工部局的官办工厂，1883年拍卖给了浅野总一郎。早在官办时代，浅野水泥厂就存在水泥降灰问题，浅野总一郎接手后，深川地区居民抗议的呼声更加高涨。为了解决这个问题，浅野水泥厂的总工程师坂内冬藏引进了“块制机”，把原料固定成砖头大小的方块状，极大限度地控制向窑外飞散的粉尘量。

水泥制造技术于1820年到1860年间首先在英国发展起来，当时采用的是原料呈流体状的湿式生产法，后来，德国发明了低成本的干式法。1888年，日本小野田水泥公司在德国工程师布里格勒布（Briegleb）的指导下，开始采用干式法进行水泥的工业化生产。坂内冬藏于1903年首次从美国引进回转窑。日俄战争后，水泥的需要量大增，到1912年浅野水泥厂已经修建了四座回转窑。进而坂内冬藏又引进了生石灰烧成法，提高了焙烧效率。这种方法无需先把生石灰烧成熟石灰，而是将生石灰直接与黏土掺合同时送入回转窑进行焙烧。回转窑的引进和生石灰烧成法的实际应用，又一次引起了降灰问题。由于连续焙烧，水泥产量剧增，飞散到厂外的灰尘随之增多。这就进一步加重了深川地区居民的受害程度。1911年，该公司曾向居民做出让步并签订了契约，保证在1916年末以前把工厂迁往川崎。

当时，美国加利福尼亚大学的物理化学教授科特雷尔（Frederic Gardner Cottrell，1877—1948）发明了静电吸尘法，较好地解决了硫酸生产厂排放硫酸雾所造成的污染问题。浅野水泥厂的入谷工程师得知这一消息后，立即向美国订货，并在临近契约规定期限的12月8日安装成功开始试运行。半个月后，治理效果明显，得到了居民的认可。工厂也因此没有搬迁。多年来的降灰问题至此获得圆满解决。

Ⅸ-2　公害的现状

【大气污染】

随着社会的进步发展，人类需要大量的热能来维持日常生活。目前，石油燃料在能源中占有极其重要的地位。汽车、飞机、工厂电站都在大量地使用石油，石油的用量在不断增加。石油燃烧排放出大量的二氧化硫、一氧化碳和氧化氮等物质，造成了严重的大气污染。

图9-3　大气污染

十几年前，瑞典降过一场硫酸雨，就此瑞典把地球污染问题作为一个国际性问题提了出来。后经查明，这场硫酸雨是位于西南方向的荷兰、比利时、德国的一些工业区为了减轻当地污染而加高烟囱所造成的。

大气中的二氧化硫和水蒸气可以反应形成硫酸雾，这也是烟尘公害的诱因。含硫的石油燃烧生成的二氧化硫，严重地污染大气，对生物、建筑物、金属等都有很大的危害性。而且，二氧化硫对大气的污染范围也在不断扩大。日本中央公害对策审议会1971年度的报告指出，按日本现行的开发计划估计，到1980年仅由二氧化硫造成的大气高污染区，将由现在的东京、大阪扩展到13个府县。

日本最早的硫酸雾1970年出现在东京。1974年7月初，在栃木、群马、琦玉三县又有4 000人受到硫酸雾的毒害。同年7月4日，东京、神奈川、千叶等地降了一场“刺痛眼睛的雾雨”，受害者有200多人。

在汽车大量集中的城市中，车辆排放的废气中所含的氧化氮造成的污染也在不断增加，这是造成光化学烟雾的主要原因。而且随着汽车数量的增加，其排放的氧化氮、碳化氢以及铅等有害物质对大气的污染将会越来越严重。任其发展下去，势必给人体健康带来不可估量的影响。因此，政府规定了汽车排气中有害物质含量的极限值，并于1976年提出，汽车每行驶1千米排出的氧化氮含量应下降到原有含量的十分之一即0.25克以下。可是，这在技术上难度相当大，能否真正实现是值得怀疑的。

现实的情况是，日本平原地区每单位面积上的汽车台数为美国的8倍，美国大气中所含氧化氮的浓度在逐年下降，而日本却在逐年上升。据1974年的环境白皮书证实，1971年全日本硫和氧化氮的排放量较1955年明显增加。以氧化氮和碳化氢为主要物质成分的光化学烟雾对人体及其他生物所造成的危害，不仅在大城市中存在，而且逐渐扩展到中小城市甚至波及全国。东京、神奈川、琦玉、千叶一都三县防止公害协议会在1974年6月24日发表的《1973年度光化学烟雾联合调查报告》中披露，光化学烟雾对蔬菜的危害几乎已经扩展到一都三县的所有地区。

不仅是汽车，随着工业的迅猛发展，工厂烟囱排放的各种有害气体、煤烟、粉尘数量与日俱增，加重了大气的污染程度。如果废气排放量少的话，由于大气本身的自然净化作用，还不至于对动植物造成危害，但是排放量如果超出一定限度，这种净化作用也就无济于事了。

在日本的大城市里，废气排放量早已超过了这一限度。城市内蜻蜓、蝴蝶等昆虫日渐稀少，狗尾草、大波斯菊等植物已不见踪影，高速公路旁绿化带里的树木也出现了枯死的现象。

【水质污浊】

为了提高我们的生活水平，便于使用的工业产品大量增产，工厂向江河湖海排放的工业废水也因此大量增加。此外，工厂中为了生产而使用的各类物资也会夹杂在废水中排放到江河里，最终流入大海。

我们的家庭生活也要大量用水。一般情况下，生活水平愈高，水的用量就愈多。过去，生活中用过的废水被直接倒在屋外的土地上，渗入土中。随着文明的进步，家庭排出的废水则由下水道集中排放到江河中。经下水道排出的废水里，含有生产中使用的各种物质以及洗涤剂等对人体有害的物质，如汞及多氯联苯（PCB）等。这些物质量少时可以被水稀释，再加上自然净化的作用还不至于对人体造成多大的伤害。

随着工厂生产量的增加以及城乡生活水平的提高，废水中所含的对人体有害物质的数量在逐渐增加，而且即使科学技术进步了，只要越是高效地大量生产廉价物品，排放的废水中的有害物质就会越多。流入江河湖海中的这些有害物质进入鱼贝类的体内，继而随着鱼贝类作为食物而进入到人体内。这些物质在人体内积存到一定数量时，就会使人体产生异变而致病。汞所致的水俣病、镉引起的疼痛病，多氯联苯引起的中毒等，就是其中的几种典型病症。

自古以来人们就知道，汞对人体是有害的。然而随着工业的发达，使用汞的工厂有增无减。日本周边的海洋中已经混入了大量的汞。汞在自然界中本来就存在，只是现在数量突然增加了。这样一来，海鱼含有大量的汞也就不难理解了。

据日本环境厅和厚生省调查，日本各地捕捞的鱼类，都或多或少地含有汞。那么，人体对汞的摄入量究竟为多少才算是安全的呢？尽管相关部门制定了各项安全标准（所谓“安全”并非意味着绝对安全），但其数值很难记得住，即或是记清楚了，当把鱼摆上餐桌时，我们也根本不知道鱼中含汞量是多少ppm（百万分比），只能稀里糊涂地食用。

图9-4　河流中的污物

即使说多少ppm的汞

摄入量对人体是安全的，也保证不了真正的安全，除非一点汞也不进入人体体内，否则就会有危险。

目前在日本，汞中毒病人只是极少数，而因为长期食用含汞的海鱼而潜伏的中毒患者数目却是无法估计的。从对东京都市民的调查中可以清楚地看出，东京都市民血液和毛发中的含汞量有逐年增高的趋势，特别是新生儿毛发中的含汞量，超出母亲含量的1.4倍。

汞等异物大量进入人体，最后积存在大脑中，侵害脑细胞造成人的死亡，这就是众所周知的“水俣病”。一些脑专家警告说，如果废水中的含汞量继续增加下去，到我们的儿孙时代，日本人很可能成为低能儿。

流入江河中的家庭废水里带有许多含磷的化学洗涤剂，加之工业废水中所含的氮素成分，一起成为形成赤潮的主要原因。濑户内海就是发生赤潮的有名海域。由于周围工厂的废水大都向这里排泄，其污染程度可想而知。据日本环境厅调查，濑户内海污染最严重的时候，每升水含氮量高达40～50微克，含磷量在0.5～2微克以上。据说海水中含氮达10微克、含磷达1.5微克时，就有可能发生赤潮。

1971年5月，日本政府决定在整个伊势湾海域确定水质环境标准。这个标准要求，除名古屋港和该港西南部濒海工业区、四日市联合企业所在的地区以及津、松阪、伊势等污染严重的海域外，整个伊势湾的COD（化学需氧量——有机污浊物质的一般性指标）应在2 ppm以下，才能保障加吉鱼（真鲷）、鲕鱼、裙带菜等水产生物的生存条件。

从1973到1974年，日本环境厅曾委托三重县、爱知县和名古屋市，对伊势湾水质进行调查，结果发现，虽然总体上COD指数在2.2 ppm以下，但是靠近海湾中心处的三重县铃鹿市海面，COD指数已高达6.5 ppm，大大超过了环境标准。

东京湾的情况也不例外。东京湾内的水很少与外海交流，因此唯有依靠自净作用来净化湾内的水质。但是，靠近海岸线的自净效果显著的区域近年来大都被填平了，自净作用已经靠不住了。

【海洋污染】

1967年3月18日，英国海面上一艘12万吨的油轮“多里·加尼奥”号触礁，有6万～10万吨原油泄漏出来，污染了近150千米宽的海面。这一事件曾经轰动一时。1971年，日本新泻附近海面上也发生过油船触礁大量原油污染海水的事件。可见，油船事故随着油船数量的增加而在频繁发生。据1973年度日本“海上保安白皮书”披露，1973年仅由海上保安厅确认的海洋污染事故就达2 460起。按污染源分类，油类占总数的48%，居首位，其中因船舶泄漏造成的占51%。

这不仅仅是日本的问题，而是一个世界性问题。但是日本的石油输入量居世界首位，消费量居世界第二位。这么多的石油几乎全部是从中东地区和东南亚地区用油船经海路远道运送而来的，其废液排泄量必然很多。

在防止油船事故和滴流的废油污染方面，尽管采取了各种改革措施，我们也绝不能对石油造成的海洋污染掉以轻心。海洋污染中含有大量的有害重金属和放射性废弃物等类物质，这种污染不仅直接影响生态系统，而且也给海洋的气象状况带来不利影响。

废油珠是我们了解油类对海洋污染状态的最好依据，而油船则是造成废油珠的罪魁祸首。海上保安厅每年都要对废油珠的实际情况进行调查，结果表明，以太平洋沿岸为中心，整个日本列岛的沿岸海域都有漂浮着的废油珠。

大部分废油珠来自航行于公海上的油轮在航道上，特别是在南中国海海域泄放的压舱水（为保持船的稳定吸入船舱内的海水）、洗罐水和废油渣等，它们随着黑潮北上污染西南群岛，最后到达日本列岛。可以推定，所有外航油轮每年排放的废油总量可达20万吨。内航油船与外航油船相比，虽然排放的压舱水要少一些，但其排放的范围却遍及日本列岛沿岸的所有区域。加之陆上油罐中的废油渣等物质也都向海洋中倾泻，其数量每年超过6.7万吨。

废油珠给沿海渔业、养殖业以及海水浴场带来了危害，人们盼望能有解决这一问题的对策。日本海洋污染防治法，自1972年6月起对工业垃圾的处理及投弃海域做出了一些规定和限制。同时，日本与各国政府间的海事协议机构通过签订防止海水油污染条约等方式在世界范围内以强制手段控制海洋污染。然而，海洋污染的严重状态并未得到有效的改善。

【多氯联苯污染】

一切技术工作者都希望为社会提供更好的产品。例如，铁容易受腐蚀，于是人们就研制出来耐腐蚀的塑料。那么，耐腐蚀的东西是否当真就好呢？这要从根本上加以考察才能得出最后的结论。不能简单地说耐腐蚀可以长期保存的东西就是好，正因为塑料不易受腐蚀，因此当前对废塑料的处理就很棘手。

塑料是人类借助科学技术制造出来的自然界原本不存在的新物质，

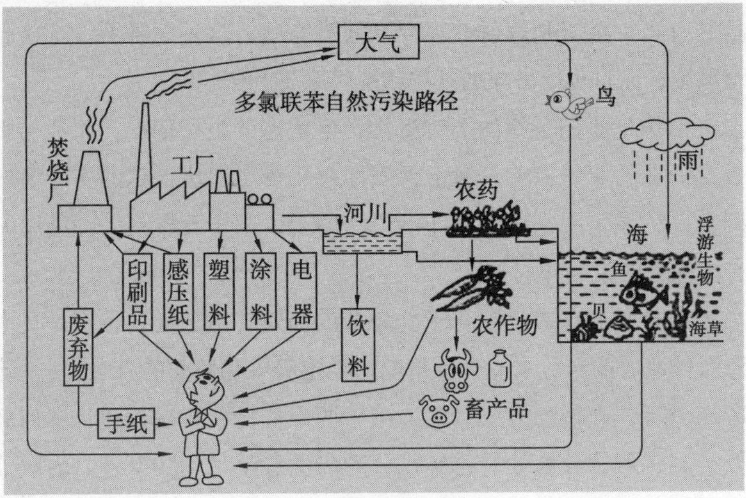

图9-5　多氯联苯的污染途径

那么，制造出这种自然界本不存在的东西到底好不好呢?

塑料种类繁多，这里不妨以在人工合成物质中堪称“合成化学工业杰作”的多氯联苯（PCB）为例，加以分析。

多氯联苯最早是在1929年由美国研制成功并投放市场的，日本自1954年开始生产。这种合成物质具有耐热、耐酸碱腐蚀的特性。它几乎不腐蚀金属，本身不易挥发又很难溶于水，易溶于酒精和油中，且经过反复加热冷却性质也不变，因此可以说它是一种技术上近乎理想的物质。

多氯联苯用途很广，变压器和冷凝器的绝缘油，电车、轮船等大型机械，电视机、洗衣机、电子透镜、荧光灯等小型家用电器都少不了它。在化学工业和食品工业上，它还作为加热通过导管的其他物质的热媒剂以及润滑油使用。此外，还有添加多氯联苯的耐水难燃性涂料、不可燃塑料、绝缘带、黏合剂、蜡、感压纸等等。油墨中掺入多氯联苯可以提高油墨的黏度和附着性，农药中掺入多氯联苯也可增加农药附着于植物和害虫的能力，甚至我们每天都在使用的手纸之类的用品也都离不开它。

迄今为止，日本大约生产了6万吨多氯联苯，其中有一半约3万吨未做回收处理，而原封不动地进入日本列岛的土壤、河流和海洋里，进而以食物链形式不断为人体所摄入。虽然现在日本已经不生产多氯联苯了，但是已经生产的遍布各地的大量的多氯联苯对人体的影响是不可忽视的。

直到1968年10月发生米糠油中毒事件前，人们并不清楚多氯联苯对人体或其他生物究竟有什么危害。其实，早在1966年，瑞典科学家詹森（Jensen）博士就在研究报告中指出，多氯联苯已经在自然环境中扩散并开始侵入生物体，他发现了鸟卵丧失孵化能力的现象，遂对鸟类和鱼类进行了研究，结果从其体内查出了多氯联苯。

1967年，美国加利福尼亚大学对无孵化能力的隼卵进行了分析，确认卵中除含有农药外，还有一种未知物质，后来确认为多氯联苯。之后又接连报道了关于加拿大的鱼类、英国的鸟类、荷兰的野鸭及其他野生动物体内含有大量的多氯联苯的事实。

日本自1949年以来，先后报道过一些职业性受害事例。在1968年的5月份，日本西部发生了近50万只鸡大批死亡的事件，后经查明，是制造米糠油过程中生成的副产物黑油所致。由于没有及时采取措施，同年10月又发生了米糠油中毒事件，受害者为数众多。目前，多氯联苯污染遍及大气、江河、农作物、饮用水和食用油之中，经千回百转最后在人体和生物体中蓄积起来。

日本水产厅对日本全国受多氯联苯污染的鱼类的调查表明，许多水域的多氯联苯含量都高出容许值3 ppm。此外根据厚生省1973年的调查，每3个孕妇中就有一个人体内的多氯联苯含量超过了允许标准（0.033 ppm），多氯联苯已经严重威胁着下一代的健康。

【自然环境的破坏】

我们的生活由于技术的进步而得到提高，每天度过的时光极为舒适而便利。但是，以技术的进步作为发展目标的反面，也就是因技术而造成的危害却逐渐显现出来，大气污染、水质污浊等危害仅是其中一部分。

为了使我们的生活水平不断提高，必须不断制造各种物品。要有汽车、飞机、轮船、电车，还要建筑楼房、修建公路。几乎所有的人都希望家中要通水、通煤气以方便饮食，更要置备桌椅和床之类的生活必需品，进而要有洗衣机、电冰箱、空调机、电视机、立体声音响设备。为此，日本的工业领域活跃着一批以提高市场效率、高性能大量生产为目标的工程师。

几乎所有的技术都在近百年间得到突飞猛进的发展。技术的进步极大地影响着人们的生活，生活水平的迅速提高又使我们产生了对科学技术绝对信赖的思想。人们深信，科学技术的发展可以创造出更多的财富，创造出更为舒适的生活条件。舒适的生活需要有大量的物品作保证，需要有丰富的电力、充足的食物，这些都可以依靠科学技术的发展来实现。

然而，技术不是万能的。众所周知，埃及政府为了实现阿拉伯联盟工业化目标，使阿拉伯联盟迅速富裕起来，不惜投资10亿美元巨款修建了阿斯旺水坝。结果却适得其反，不但没有为人民造福，反而给尼罗河带来了严重影响，使埃及的渔业和农业遭受了沉重打击。许多专业人士都认为，这纯粹是一场愚蠢之举。

这类事例并不罕见。仅就日本来说，各地都在开发现代技术，而且对技术的迷信程度也是有增无减。至于对公害的认识，不少人把它归咎于是由某个特定阶层的“金钱主义”造成的，或者是由于人类对自然界知识的贫乏造成的。他们认为，只要改变经济结构，进一步发展技术就可以消除公害。

但是就本质而言，技术本身就包含着破坏自然的因素。可以说，不会产生公害的技术是不存在的。因此不论怎样改变经济结构，不论技术如何进步，都不能制止公害的发生。那种认为公害可以制止的观点只不过是人们的一种自负，是对技术的过于迷信而已。作为技术工作者，应当及早认识到这个问题。

人类对自然界的认识毕竟是很贫乏的，因此还不能完全探明大自然的奥秘。单纯地靠科学技术向大自然的奥秘挑战，并希望由此征服自然，这种想法是片面且不负责任的。自行其是、滥用技术的结果，是使人类遭受到大自然的惩罚。自然界的破坏已经使人的生命安全受到严重威胁。近年来，日本已经有人死于水俣病、疼痛病和多氯联苯中毒，即使在健康人群当中，有潜在发病危险的人数也大有增加之势。目前许多日本人体内积蓄的有机汞达1 ppm，而在水俣病患者体内有机汞含量高达3 ppm以上。据说，汞常常破坏染色体，是造成畸形儿的诱因。除汞之外，我们周围还有许多其他有毒物质，这也是不可忽视的事实。

当前，日本列岛的各种污染正在逐渐地破坏着自然环境。对此，日本环境厅于1973年6月至1974年12月，花费了1年多的时间大张旗鼓地进行了"自然环境保护调查"，并于1975年1月1日公布了调查结果。据称，全国港湾建设及人工填海造成的海岸变动占全部海岸长度的20%以上，整个日本大约只有20%的面积尚属人类未施加影响的自然区域。

由此看来，如果一味地发展技术，继续破坏自然环境，那么人类的未来将变得难以想象。

Ⅸ–3 今后的技术

今后的技术发展，必须首先考虑能源和资源的有限性，以及如何将因技术造成的自然环境的破坏控制在最小限度内。过去我们只是靠消耗能源来换取高速度、高效益，为社会提供充足的、物美价廉的产品，而忽略了废物回收再利用技术，以致空罐头盒和旧塑料袋在野外及海滩上到处可见，既影响了环境也造成了很大的浪费。无论是从资源的有限性，还是从保护自然环境的方面考虑，今后的技术都必须重视废物回收再利用问题。

即或是开发废物处理技术，如果仍然以技术万能论为指导思想，问题也是很难解决的，还必须从改变消费者的消费方式入手。

过去几乎从来没有被人们注意的噪音也将成为问题。汽车、高速电车、喷气飞机每天都在产生大量的噪音，因此今后开发任何一项技术也都要考虑降低噪音污染问题。

最后，还应当考虑的是安全问题。我们必须要牢记，绝对安全的技术是没有的。这也是工程师在使用设备进行技术开发时要注意的。也就是说，工程师绝对不能轻视安全问题。然而就算再重视安全问题，正如不可能制造出绝对不会坠落的飞机和绝对不会沉没的船只一样，也不可能制造出绝对不发生事故的产品。

因此，当利用任何先进的东西时，从一开始就要考虑到有一定程度的危险。乘喷气式飞机就要考虑有坠机的危险，害怕飞机失事就不要乘坐它。当然如果需要在最短时间内到达远方，也只好甘冒风险。总之，安全是相对的，文明也是如此。

【技术发明的终结】

当前，对我们而言至关重要的是石油、煤炭这类热源物质。没有石油内燃机就发动不了，汽车和飞机就不能开动，而且火力发电也依赖石油和煤炭。现代社会是靠大量消耗石油、煤炭等化石燃料为支撑的，没有内燃机和电力，也就没有现代文明。我们身边有些东西是可有可无的，但更多的是绝对不可缺少的。没有内燃机和电力我们的生活就无法维持，而没有烟、酒、咖啡等嗜好品，似乎并无妨碍。

17世纪后半叶，詹姆斯·瓦特发明了蒸汽机，它的问世促进了铁路的发展，对交通运输起了重要作用。19世纪后半叶，勒努瓦和奥托发明了内燃机，后经不断的改进成为汽车和轮船的动力。进入20世纪后，人们利用内燃机体积小、重量轻、功率大等特点，终于制成了人类长期以来梦寐以求的飞机。英国物理学家法拉第（Michacl Faraday，1791—1867）等人发明的电动机和发电机同样带来了社会的巨大变革，电动机作为极其方便的动力机，在一切领域得到广泛的应用。电灯照明打破了黑夜同白昼的界限，为人类的生活、工作提供了极大的方便。

回顾技术的历史可以发现，以丰富我们生活为目的的技术发明是非常多的，而其中好的、有用的几乎都是在18、19世纪这200年间出现的。当然，在纪元前人类诞生时技术就有了。随着时代的演进，由于优秀发明家们的不断努力，新发明层出不穷，并在18、19世纪达到了鼎盛时期，当今的机械文明可以说也是在这200余年间技术发

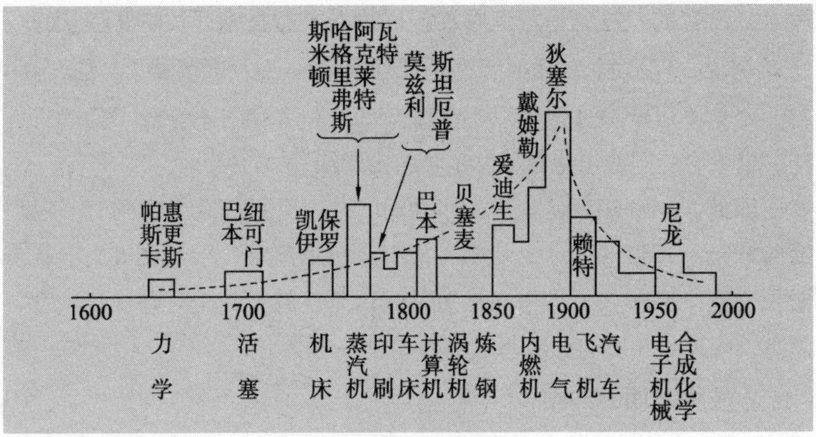

图9-6　技术发明件数与年代

明的基础上形成的。

进入20世纪后，技术的发展主要是以革新换代、综合利用、系统控制等形式向前推进的。我们深深地感到，改进机械精度、提高机械效率的技术革新在今天已经达到了一定的限度，比如汽车和其他动力机械使用的内燃机，几乎没有进一步改革的余地了。

现有的技术已经相当完善，即使不再有新的技术发明也不至于影响我们的生活。因此可以说，能够带来革命性变革的技术发明似乎已经没有了。

【资源的枯竭】

人们希望拥有丰富多彩的生活，因此发展工业并促进技术的进步。但是，物资的大量生产势必要消耗大量的资源。在人口数量不多的过去，这并非是个多么严重的问题。可是在地球人口已达40亿的今天，要满足如此众多人口的生活需要，没有足够的资源保障是不可想象的。而且，人口数目很可能在2000年时增加到70亿以上。

显然，地球上可利用的资源储量是有限的，如果大量消耗下去的话很快就会枯竭。进入20世纪后半叶，这已经成为人类必须正视的一

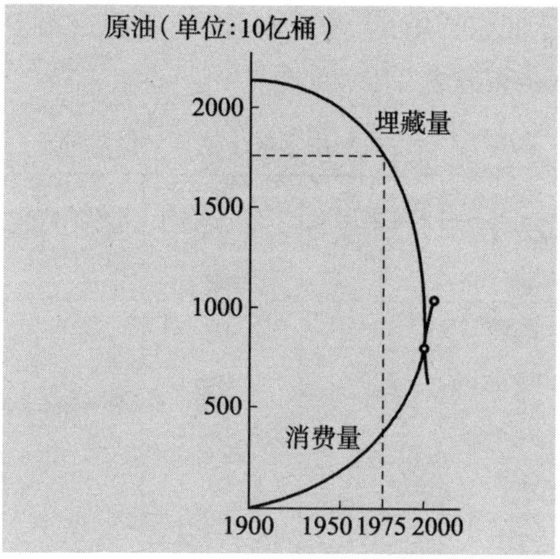

图9-7　石油消费量与储量

个严峻问题。

世界石油储量到底有多大，想确切弄清楚是有难度的。据法国石油研究所向联合国石油长期预测研究会提供的资料得知，1975年世界石油资源总计有3 000亿立方米左右，其中，当前能够确认的仅占25%，即738亿立方米，不久的将来可以作为开采对象的约占确认总量的14%，其余60%属于不可把握的部分，是否能够利用还要看未来技术的发展状况。

1960年，全世界石油消耗量约为11亿立方米，到1970年就增加到23亿立方米，年增长率为7%。按这一比例计算下去，1980年可达46亿立方米，1990年将达92亿立方米。也就是说，从1970年到2000年共计要消费石油2 067亿立方米，将会超出现在已经公布的石油开采量1 000亿立方米的一倍以上，接近了石油资源的极限值。即便是注意节约，使年增长率下降到5%，那么可以维持的年数也只不过增加15年而已。

日本是石油消费大国，1977年一年间共消费石油3亿立方米。如果不改变现有的工业生产方式，那么今后十年内消费量将增加一倍。如此大量地消费石油，在国际上是否行得通，实在令人担心。因此，有必要及早考虑石油资源的有限性问题。

表9-1　资源可利用年数（据罗马俱乐部）

资源	现有埋藏量	静态使用年数（年）①	预计增长率（年平均）高 平均 低	几何级数的使用年数	将现储量扩大5倍几何级数增长使用年数②
铝	1.17×10^9吨	1000	7.7　6.4　5.1	31	55
煤	5×10^{12}吨	2300	5.3　4.1　3.0	111	150
铜	308×10^6吨	36	5.8　4.6　3.4	21	48
铁	1×10^{11}吨	240	2.3　1.8　1.3	93	173
铅	91×10^6吨	26	2.4　2.0　1.7	21	64
汞	3.34×10^6吨	13	3.1　2.6　2.2	13	41
天然气	1.14×10^{15}立方英尺	38	5.5　4.7　3.9	22	49
石油	455×10^9桶	31	4.9　3.9　2.9	20	50
银	5.5×10^9盎司	16	4.0　2.7　1.5	13	42
锡	4.3×10^6英吨	17	2.3　1.1　0	15	61

① 按目前年消耗量计算，现有埋藏量的使用年限

② 资源消耗以几何级数增长的情况下，现有埋藏量的使用年限

关于主要矿物和燃料资源的蕴藏量及可维持开采的时间，已经有一些报告可供参考。其一是罗马俱乐部委托美国麻省理工学院进行的研究，并于1972年以《增长的极限》（*The Limits to Growth*）为题发表的研究报告。报告指出，按现有增长率所需的资源计算，石油20年、铝31年、铁93年、铜21年、汞13年后就将枯竭。如果当真如此的话，到2000年前后大部分资源几乎都要用尽了。

【技术的发展方向】

无论是考虑今后的技术发展，还是考虑满足我们生活的需要，首当其冲的都是能源问题。在人类历史上，作为能源的煤炭和石油总是以满足人们方便的需求为前提。一切学问也都是以适应人们的意志为

前提的，机械工程学、化学工程学、电子工程学自不待言，即或是经济学、社会学也都是如此。

现在，这一前提开始崩溃了。因此可以说无论是历来的学问还是我们的生活态度，都必须从根本上去改变。如果仍按原来的想法随心所欲地发展下去，那么不久的将来很可能招致人类毁灭的严重恶果。

目前，还没有像石油那样方便的可供利用的其他能源，一切技术无不是建立在大量使用石油的基础之上。面对这一情况，如果提倡寻求利用石油以外的其他能源将会遇到人们习惯性的阻挠。但是考虑到未来的发展，我们必须去寻找和利用取代石油的新能源，否则人类几十万年的历史或许会中断。

表9–2　永久性能源

水力发电	现在需要的1/20	不存在技术问题
潮汐	现在需要的1/100	需要技术性研究
风力	现在需要的100倍	可小规模利用
太阳能	现在需要的30 000倍	可小规模利用
地热	现在需要的1/100	可小规模利用
总储量	化石燃料的10万倍	

表9–3　主要国家原子能发电站计划（100万千瓦）

	1975	1980	1985	1990	2000
日本		34	60	100	
美国	62	132	280		1200
欧洲共同体	28—29	83.2—87.4	441	508	

可以取代石油的能源种类很多，其中之一就是原子能。目前世界上已经确立了原子能利用体制，实现了原子能发电。日本也在考虑开发原子能技术以取代石油，并修建了原子能电站。但是在原子能利用技术上还存在着一些难题，如核裂变产生的放射性废物的处理以及热排水问题等。不妥善解决这些难题，原子能发电的前景是黯淡的。

图9-8　螺旋桨型风车

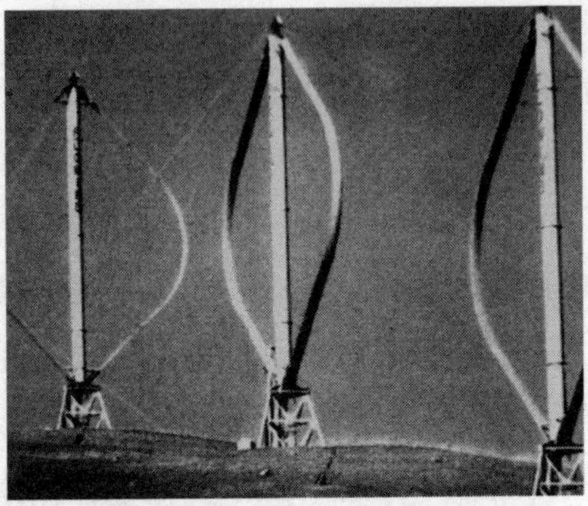
图9-9　大流士型风车

采用核聚变方式取代核裂变是可以解决含放射性废物处理问题的，只是核聚变技术目前还没有完成，可能要到21世纪后才有可能实际应用。

在我们身边还有一些很早以前就利用过的能源，如水力、地热、潮流、风力、太阳能等，我们应该重新对其加以评价。当然，开发这些能源在技术上、经济上还有相当的困难，在这个石油至上的时代，它们还不会被广泛利用。不过当石油不再能任意使用的时候，人们也就不得不考虑这些能源了。

总之，能源是人类生活中的基本要素，如果没有石油，许多技术是不能使用的，因此能源问题是我们长远规划中特别需要深思熟虑的重大问题。

过去曾经风靡一时而现在几乎没有什么发展的风力发电，最近又引起了人们的重视。美国和欧洲的不少地区都在安装新式风车，进行风力发电尝试。日本也有一些对风车感兴趣的人在从事研究和试制工作。风力发电的规模不会很大，但是作为个人使用还是有希望的。目前的问题是如何把有风时发出的电力贮存起来供无风时使用，否则没有风风车就会停止不动，也就没有电力可用了。目前，美国已经设计

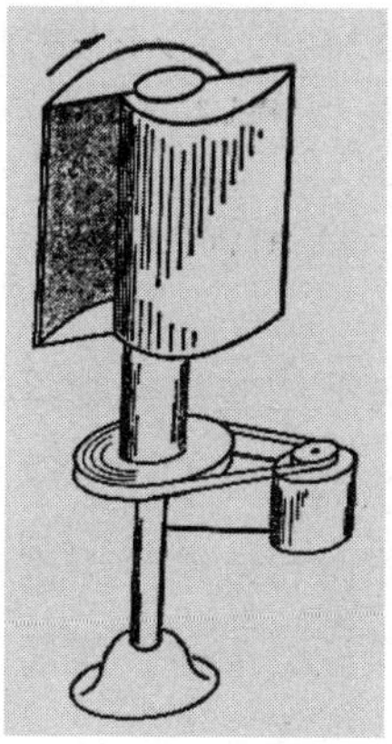

图9-10　伺服型风车

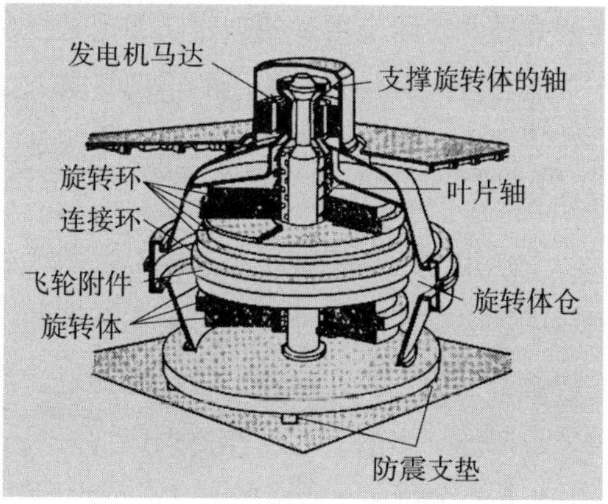

图9-11　飞轮（惰性轮）的利用

出一种飞轮装置，但是尚未实际制造出来，能否成功还有待于今后的研究。

【今后发展期待的新能源技术】

自20世纪中叶以来，人类巧妙地应用过去几千年积累起来的科学知识和技术经验创造了大量的社会财富。特别是发达国家的人们，他们已经过上了前所未有的富裕生活，并为了建设更加美好的社会不断努力着。

今后的社会能否向更高度的文明状态进化并长期维持下去，将取决于能源的供应状况。这个问题长期以来并没有引起各国的重视，直到1975年左右人们才开始担心，如果按现有的增长率毫无顾忌地消费下去，能源和各种资源将会逐渐减少并最终枯竭。

作为燃料的石油仅仅存在于地球这一有限空间之内，不可能被无限制地利用下去。尤其是像日本这样的国家，由于国内几乎不产石油，绝大部分依靠进口，如果不做长远打算今后必然要陷入困境。

下面，就对今后必须研究开发的几种能源的技术问题略作分析。

这里谈的未来能源技术并不是什么新的技术，而是一些以往已经研究过并实际应用过的东西。无论是技术还是科学，在过去的几千年中能够较为容易开发利用的早已经被人类利用，其余的技术虽然曾经被开发过，但是由于使用上的困难或是经济上的原因而没有进一步开发。

受使用方便且很容易买到的石油的限制，对下述的各类能源的普遍利用还会有一定的难度。可是在不远的将来，我们将不得不使用这些代替石油的能源。因此，现在有必要对将来如何有效地使用这些能源进行研究。当然，在单纯追求经济效益的时代没结束前，即使石油再紧缺也是不得不去使用的。

<水力的利用>

自19世纪以来，全世界建立了为数众多的水力发电站。但是随着煤炭、石油燃料的大量开采，火力发电已经超过了水力发电。像日本这样雨量充沛的国家有必要重新考虑水力的开发利用，并重新评估水力发电问题。对如何有效利用水流能量问题进行研究，是很重要的。

<风力的利用>

过去，人们曾设计并利用过风车发电。由于风车本身存在着无风不转、转速随风速不断变化等弱点，这种发电方式逐渐被淘汰，可是当石油利用发生困难时也就不得不用了。无论是水力还是风力都可以进行小规模利用，即一家一户根据条件利用河流的水力或风力驱动小型发电机，以解决家庭能源的需要。

<地热发电>

离地壳数千米深处的岩浆是高温热源。降落到地面上的雨水形成地下水，一部分渗入到岩浆

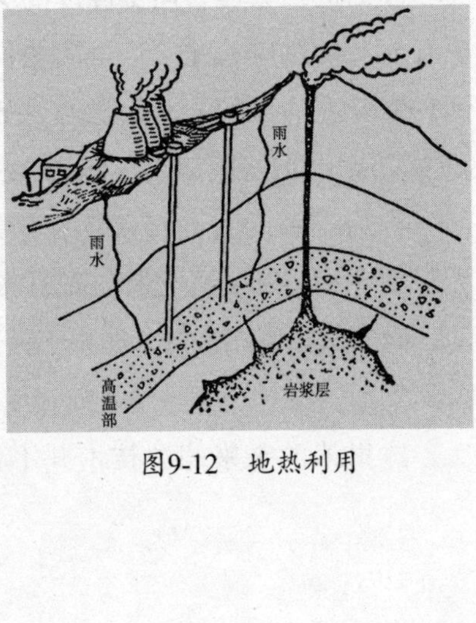

图9-12　地热利用

层，经高温岩浆加热后又返向地面喷出热蒸汽。利用这种蒸汽驱动涡轮机发电的方式，叫做地热发电。世界上有不少国家已经建成了这类地热电站。意大利的拉尔德列洛地热电站，早在1904年就已经投入运行，输出功率达39万千瓦。日本也有松川（2万千瓦）、大岛（1.3万千瓦）等地热电站，并计划增加一批新的地热电站。

＜波力发电＞

海水波浪在不停地上下运动，利用波浪运动发电叫做波力发电。日本自1963年起着手研究波力发电浮标。目前，在日本周围的海面上大约浮动着300个标示波力发电的航标。其装置原理是利用波浪的上下运动迫使空气流动，驱动空气涡轮机带动发电机发电。这些波力发电浮标的输出功率平均在10瓦左右，最大可达60瓦。如果把这种装置安装在岸边陆地上，则成为固定式波力发电站，其工作原理是使波浪沿固定导管上下冲击，形成空气流，驱动空气涡轮机发电。日本的海獭岛灯塔自1966年起开始采用这种固定式波力发电装置点灯照明，使用最大输出功率为120瓦的发电机。通过波力发电装置，平均可以得到18瓦的电能。

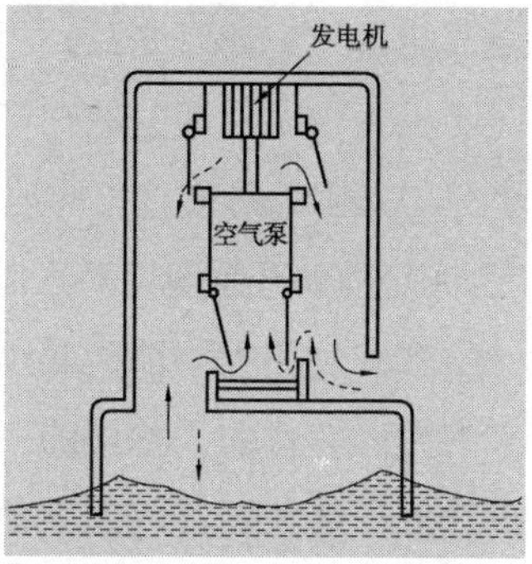

图9-13　波力发电

＜潮汐的利用＞

法国西北部注入英法海峡的格兰斯河口，涨潮和落潮的水位差很大，年平均为9米。利用这一水位差进行发电的研究工作，在法国持续了10余年之久，这所发电站于1966年11月在戴高乐（Charles de Gaulle，1890—1970）总统主持下举行了落成典礼，从1967年12月起正式开始发电，年发电量达5.4亿千瓦时。

日本九州的有明海，最大潮位差可达4.5米，研究人员已经提出了在这里修建潮汐发电站的方案。但是，建造水坝和购买发电设备所需要的经费太大，每千瓦小时的发电成本相当于火力发电的100倍。从经济角度看，目前还没有建设的可能。可是为了应对未来能源不足的现实，就不能再单纯地强调经济效益了。我们应从国家民族的长远利益出发，开始着手研究潮汐发电技术。

<太阳能的利用>

照射到地球上的太阳能是相当大的。太阳每年辐射到地球上的全部能量约为18万兆瓦，相当于每年燃烧90兆吨煤的热量。太阳的辐射能尽管很大，却分散在广大的地域上，因此单位面积接受的能量极小，与太阳辐射成直角的地面上每平方米不过1千瓦而已。虽然人们早在100年前就开始研究对太阳能的利用，但是至今也未完成。

开发利用太阳能，必须找到如何将分散在大面积上的能量收集起来的方法。目前，常用的一种方法是利用抛物面镜集中太阳能，在焦点线上安装铁制管路或其他材料制成的管路，管路中通入水，水受热

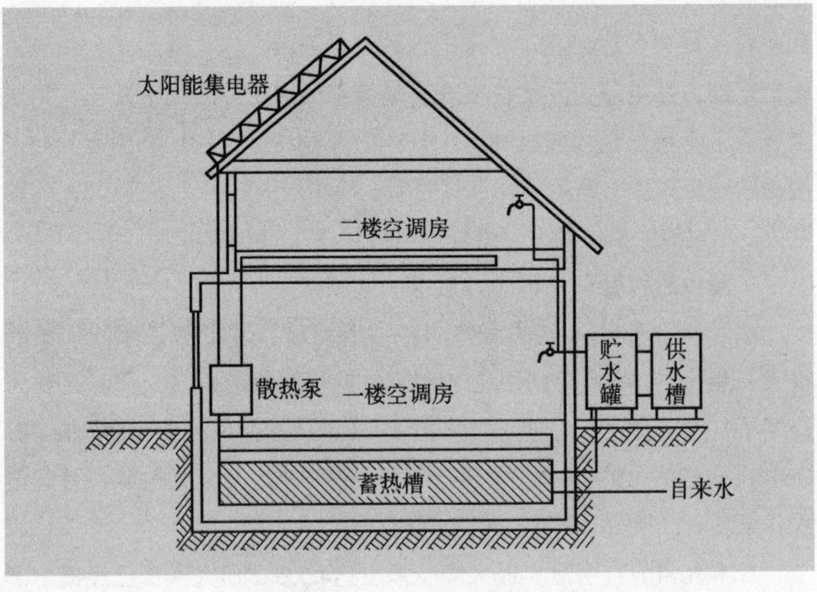

图9-14　太阳能住宅

后变成蒸汽推动涡轮机运转发电。这种方法虽然已经取得成功，但还没有普遍应用。

人造卫星、无人灯塔已经使用了硅元素太阳能电池，不过由于造价太高很难推广到民用。要想在整个屋顶上铺装太阳能电池供家庭用电，就需要研制新材料以降低成本。

目前，应用最广的是太阳能温水器。在屋顶日光充足处并排安装水管，冷水流过其中变成温水。日本已经有数十万个这种温水器。此外，世界各地正在研究并已经建成了一批将这种温水器安装在屋顶的南面，利用生成的温水解决房间供暖、洗澡间及厨房用水问题的“太阳能住宅”。

太阳能是一种廉价的理想能源，可以长久地使用下去。其不足之处在于夜间无法利用，而且阴雨天效果也不好，这就需要靠其他能源来补充。因此除安装温水器外还要利用太阳能电池，甚至再架设小型风力发电机。如果连一户用电都满足不了的话，这样获取电的方式显然是不足取的。

综上所述，地球上的资源不可能无休止地利用下去，人类为了创造长久的生存条件，就需要从根本上考虑并改变自己的生活方式，做出清醒合乎实际的抉择，这一时刻已经来临。

未来的技术将取决于能否获得充足的能源。

参考文献

スラール（長谷川・山崎訳）　機械の歴史（図説・科学の歴史2）p.110，1963，恒文社
マチョス（高山洋吉訳）　西洋技術人名辭典　p.938，1946，北隆館
アシモフ（皆川義雄訳）　科学技術人名辭典　p.672，1971，共立出版
ヘイン（伊佐喬三訳）　天才の炎　p.286，1978，東京図書
ルーン（宮原誠一訳）　発明ものがたり　p.257，1972，法政大学出版局
ディールス（平田寛訳）　古代技術　p.311，1947，創元社
サトクリッフ（市場泰男訳）　エピソード科学史　物理篇　p.223，1972，社會思想社
アグリコラ（三枝博音訳）　デ・レ・メタリカ—近世技術の集大成　p.680，1968，岩崎美術出版社
バーリンゲーム（松本健太郎訳）　アメリカ発明物語　p.250，1968，中央公論社
バーリンゲーム（田代三千稔訳）　アメリカ技術文化史　p.272，1944，文松堂
クラーク（加茂儀一訳）　レオナルド・ダ・ヴィンチ　p.277，1974，法政大学出版局
チャールズ・シンガ他（平田寛他訳）　技術の歴史（全12巻）1978，築摩書房
リリー（伊藤，小林，鎮目訳）　人類と機械の歴史　p.430，1973，岩波書店
フォーブス（田中実訳）　技術の歴史　p.346，1956，岩波書店
ダンネマン（安田德太郎訳）　大自然科学史（全12巻）1978，三省堂
バナール（鎮目恭夫訳）　歴史における科学（全4巻）1955，岩波書店
バナール（菅原仰訳）　科学と産業　p.221，1971，岩波書店
ソヤーズ，スティラーマン（星野芳郎他訳）　發明の源泉　p.476，1968，岩波書店
パテ（乾他訳）　アルキメデスから原子力まで　p.235，1972，日本生產性本部
イリン（馬上義太郎訳）　機械の歴史　p.174，1953，白揚社
ラルゼン（松谷健二訳）　石のおのから人工衛星まで　p.300，1964，白水社
オブライエン（吉田光邦訳）　機械の話　p.201，1964，タイムライフインターナ

ショナル
オーエン，ボーエン（中山秀太郎訳） 車と文明 p.201，1977，タイムライフブックス
レテイ編集（小野健一他訳） 知られざるレオナルド p.322，1975，岩波書店
デ・ボノ編（渡辺茂監訳） 発明とアイデアの歴史 p.246，1977，講談社
テーラ（上野陽一訳） 科学的管理法 p.579，1971，産業能率短大
島弘 科学的管理法の研究 p.295，1963，有斐閣
コモナー（松岡信夫訳）エネルギー p.291，1977，時事通信社
ピュイズー（柴田増実訳）エネルギーと文明の危機 p.178，1973，日本生產性本部
ロックス（宇土尚男訳） 地球エネルギー資源地図 p.198，1972，サイマル出版會
ポール・マントウ（德增栄太郎訳） 產業革命 p.706，1964，東洋經済
クラウザー（鎮目恭夫訳） 產業革命期の科学者 たち p.313，1964，岩波書店
アシュトン（中川敬一郎訳） 產業革命 p.190，1963，岩波書店
角山栄 產業革命の群像 p.205，1971，青木書院
中山秀太郎，星野芳郎 物理技術史（2）（科学史大系V）p.345，1953，中教出版
高木純一監修 目で見る大世界史15 p.206，1970，國際情報社
岩城正夫 原始時代の火 p.198，1977，新世出版
中山秀太郎 機械文明の光と影 p.249，1975，大河出版
中山秀太郎 機械入門 p.246，1968，築摩書房
山崎俊雄他 科学技術史概論 p.250，1978，オーム社
本多修郎他 技術学概論 p.268，1973，朝倉書店
岡邦雄 自然科学史（全5巻）1948，白揚社
鈴木敏夫 プレ・グーテンベルク時代 p.512，1976，朝日新聞社
西村貞二 レオナルド・ダ・ヴィンチ p.234，1971，清水書院
加茂儀一 ダ・ヴィンチ p.186，1950，弘文堂
秋元寿惠夫 レオナルド・ダ・ヴィンチの解剖手稿 p.178，1947，和敬書房
内田星美 產業技術史入門 p.310，1947，日本經済新聞社
城阪俊吉 エレクトロニクスを中心とした科学技術史 p.232，1978，日刊工業新聞社
ESPINASSE Robert Hooke p190，1950，William Heinemann
Green Eli Whithey and the Birth of American Technology p.215，1956，Little Brown

ソレンセン（高橋達男訳）フォード p.412，1969，産業能率短大
ジョセフソン（矢野他訳） エジソンの生涯 p.408，1962，新潮社
ディッキンソン（原光雄訳）ジェームズ・ワット p.279，1941，創元社
アンドレード（久保亮五他訳）ニュートン p.214，1970，河出書房新社
青木靖三 ガリレオ・ガリレイ p.206，1970，岩波書店
チンダル（矢島祐利訳） ファラデー p.244，1973，社會思想社
J.G.Landels Engineering in the Ancient World p.224，1978，Universty of California Press
J.K.Finch The Story of Engineering p.528，1960，Doubleday Anchor
R.Colder The Evolution of the Machine p.180，1968，American Heritage Publishing
M.Crosland The Emergence of Science in Western Eurore p.201，1975，Macmillan Press
R.S.Woodbury Studies in the History of Machine Tools p.557，1972，M.I.T.Press
L.Basford Engineering Technology p.128，1966，Sampson Low
P.Dunsheath A Cenyury of Technology p.346，1951，Hutchinson
L.Rolt A Short History of Machine Tools p.256，1965，M.I.T..Press
W.Steeds A History of Machine Tools p.181，1969，Oxfprd Univ.Press
Ford Motor Co.. Ford at Fifty p.107，1953，Simon and Schuster
F.Daniels Direct Use of Sun's Energy p.347，1964，Yale Univ.
J.Reynolds Windmills & Watermills p.196，1970，Praeger
S.Fleet Clocks p.128，1967，Weidenfeld and Nicolson
W.B.Parsons Engineers and Engineering in the Renaissance p.661，1939，M.I.T.Press

事项索引

人名索引

国别缩略语：

［奥］奥地利 ［比］比利时 ［典］瑞典 ［丹］丹麦 ［德］德国 ［法］法国 ［荷］荷兰 ［捷］捷克 ［美］美国 ［日］日本 ［希］古希腊 ［意］意大利 ［英］英国

L

M

N

O

P

Q

R

S

T

W

X

Y

Z

技术史简明年表

时间（年）	时代	技术发明	事件	人口	动力机械	动力	能源
数百万年			工具				
B.C.50万	石器时代	手斧，棍棒，石刀，锯，箭镞，骨针，鱼叉 狩猎，扑鱼	用火				
B.C.10000		弓箭，杠杆，滑轮，螺旋，轮轴，斜面	农耕 畜牧	300万		人力/家畜	
B.C.5000				3000万			
	青铜铁器时代	水钟，蒸汽球，自动门			罗马型水车		木炭时代
		水车制粉机					
0		用水车锻造		2.5亿			
		用水车制材					
		用水车扬水					
		用风车扬水					
					风车水车		
1000		钻床					
		脚踏车床				风力/水力	
1500	水/风/木材/玻璃时代	古滕堡 印刷机					
		达芬奇 对各种机械研究					
		阿格里柯拉《矿山学》出版					
1600		伽利略 对运动进行研究					

（续表）

时间（年）	时代	技术发明	事件	人口	动力机械	动力	能源
		帕斯卡 设计计算机			布兰		
					卡透		
		惠更斯 制作单摆时钟			平		
		胡克 发现弹性定律		5亿			
		牛顿 提出万有引力定律			巴本		
1700		巴本、惠更斯 进行带活塞的蒸汽			设计		
		机实验			汽缸		
					活塞	水	
		怀亚特、保罗 改革纺纱机			结构	力	
1750							
					纽可	蒸	
		水车驱动的镗床			门大	汽	
		哈格里弗斯 发明珍妮机	产		气压	力	
					蒸汽		煤
		阿克莱特 发明水力纺纱机	业		机		炭
		威尔金森镗床					时
		波尔顿·瓦特商行 制造蒸汽机	革		瓦特		代
		马德克 设计行星齿轮机构			往复		
		卡特莱特 发明织布机	命		式蒸		
		埃文斯 自动制粉厂			汽机		
1800	钢	莫兹利车床					
	铁						
	时	惠特尼 采用零件互换式生产步枪					
	代	巴贝奇 设计计算机					
		克虏伯 在埃森设立炼铁厂					
		史蒂芬森 研制蒸汽机车					
		罗伯茨 龙门刨床					

（续表）

时间（年）	时代	技术发明	事件	人口	动力机械	动力	能源
		惠特尼 铣床					
		戴维 发明弧光灯					
		法拉第 发现电磁感应					
		阿姆斯特朗 水力发电机			富尔内隆透平		
		内史密斯 蒸汽锤					
		惠特沃斯 提出螺纹规格					
		各种机床生产					
		豪 缝纫机					
1850				10亿	弗兰西斯透平		
		辛格 缝纫机					
		伦敦世界博览会 水晶宫					
		柯尔特 连发手枪生产—互换式生产确立				蒸汽力	煤炭时代
		贝塞麦炼钢法					
1860					勒努瓦实用煤气内燃机		
		德·罗沙斯 提出四冲程循环					
		西门子 研制自激式发电机	技术最兴盛时期				
		西门子-马丁 发明平炉炼钢法					
1870							
		格拉姆 研制环形电枢发电机			佩尔顿透平		
		实用电动机出现					
		贝尔 发明电话					
		爱迪生 发明留声机					

（续表）

时间（年）	时代	技术发明	事件	人口	动力机械	动力	能源
		爱迪生 发明白炽灯			奥托内燃机		
1880		德国建成电力铁路					
		尼亚加拉水电站			拉沃尔透平		
		本茨 汽油汽车试运行					
		戴姆勒 制作汽油汽车					
1890		特斯拉 发明交流发电机			帕森斯透平		
		马可尼 无线电通讯				石油热能	石油时代
		泰勒 发明高速钢			狄塞尔内燃机		
1900	电与合成物质时代		人工合成物质	第一次世界大战（1914—1918）			
		福特汽车厂设立					
		莱特兄弟 载人飞机首次试飞					
		德·福列斯特 发明真空三极管					
		福特 开始大量生产汽车					
		泰勒 发表《科学管理法原理》			卡普兰透平		
		开始生产各种合成树脂					
		卡罗瑟斯 发明尼龙（锦纶）					
		雷达实用化					
		电子计算机ENIAC制成					

（续表）

时间（年）	时代	技术发明	事件	人口	动力机械	动力	能源
		原子弹爆炸		第二次世界大战（1939—1945）			
		肖克利等 发明接触型晶体管	大量生产时代				
		隧道二极管					
		组合机床				石油热能/原子能	
1950		第一颗人造地球卫星Спутник号					石油时代
	电与合成物质时代	自动换刀数控机床					
		阿波罗11号 人类首次登月					
		NC工作机械		40亿	火箭		
					原子能反应堆		
2000							
				70亿			

译后记

《技术史入门》是日本技术史学家中山秀太郎晚年的力作。中山秀太郎于1915年生于日本岩手县盛冈市，1940年东京大学机械工程专业毕业，1962年获工学博士学位。先后在东京大学、上智大学担任教授，上智大学名誉教授，2005年去世。中山先生一生致力于机械工程学的研究，并对技术史产生了浓厚的兴趣。为了探究近代机械工程的起源而到访英国，在格拉斯哥考察了瓦特蒸汽机的发明背景，在技术通史的研究方面特别关注文艺复兴和产业革命时期的技术发展状况。著有《自动化》(1957)、《材料力学》(1967)、《技术史入门》(1979)、《机械的再发现——从圆珠笔到永动机》(1980)以及《机械发展史》(1987)等。

《技术史入门》是中山先生为了普及技术史知识、作为高校的教学用书而写作的，该书于1979年由日本欧姆社（オーム社）出版后，被列为日本"全国学校图书馆协议会选定图书"，重印多次，是一部难得的简明的技术史入门著作。书中插图200余幅，还有许多关于发明家的创业情节和发明背景的描述，增加了不少趣味性。特别是书中对因盲目追求技术发展而造成的资源短缺、环境污染的论述，在观念上是十分超前的。

由于人类从事的技术活动涉及范围十分广泛，通史的写作是相当困难的，或者说，任何一部技术通史也不可能对各类技术都面面俱到，多是抓几条主线去构造体系，简史更是如此。本书的写作体现了人类技术手段的基本进化模式，即：简单工具—复合工具—机器—自动化生产系统。

1984年，我在北京参与由李昌和于光远组织领导的"中国技术发展战略思想研究"工作时，为了学习技术史，利用业余时间将此书翻译出来。哈工大庞铁榆老师得知此事后希望由他校对和联系出版社。1985

年，该书由黑龙江科技出版社出版，可惜不但印刷装帧较为粗糙，而且原来的大32开精装本也被改成了小32开简装本，还被删去了所有的插图和索引。更由于我当时刚接触技术史学科不久，知识储备极为不足，翻译及印刷中错漏处甚多，其可读性大为缩减，为此我多年遗憾不已。虽然如此，这在改革开放之初，国力还不富裕，出版单位经费十分有限，特别是书籍印刷还是铅字手工排版、插图制作困难的年代，能够出本书已实属不易。

2012年，山东教育出版社决定重新出版此书，并很快取得日本欧姆社的授权。我用了近一年的时间在原稿基础上重新翻译。由于原书插图系用腐蚀锌板印制的，大多模糊不清，为此花费了不少气力寻找原图进行复制修版，又适当增加了近20幅重要的历史性插图。对原书中外国人名母语标注不够规范完整的及文中错误之处亦参照相关资料做了补充和订正，涉及的计量单位一律按原书的名称处理，如磅、英尺、英寸等，对个别术语、事件用页下注的形式作了注释。

本书的出版得益于山东教育出版社历届领导对出版科学文化著作的重视。哈工大科技史与发展战略研究中心陈朴博士设法购得原书，胞弟姜振宇教授在图版修正方面给予了许多指导，山东教育出版社任军芳主任和徐旭编辑给予了很大帮助，特此致谢。

本书涉及的内容十分广泛，翻译中的差错诚望读者予以批评指正。

姜振寰

2014-03-18